新・演習物理学ライブラリ＝5

新・演習
熱・統計力学

阿部　龍蔵　著

サイエンス社

サイエンス社のホームページのご案内
http://www.saiensu.co.jp
ご意見・ご要望は　rikei@saiensu.co.jp　まで．

まえがき

　著者の専攻分野は統計力学である．これまでの著者の経歴を振り返ると統計力学の講義を最初に行ったのは，大学院相手で著者が物性研に在職していたときのことである．年齢にすれば30歳代の前半で，この講義ノートをもとに1966年東京大学出版会から「統計力学」という著書を発刊させていただいた．学部学生を対象に統計力学の講義を行ったのは，これより少し後でちょうど著者の人生の折り返し点の頃であった．著者は1966年に東京大学教養学部基礎科学科に赴任したが，当時「統計熱力学I, II」という大学3年生を対象とする科目があった．1967年，37歳のとき始めてこの講義を担当したが，その頃の経験は本書のコラム欄 (p.9) にもある．統計熱力学という用語は英語の statistical thermodynamics の訳で熱力学を統計力学の立場から論じることを目的としている．基礎科学科ではその後，不可逆過程も扱うようになり，その趣旨の実現として「統計熱力学III」という科目が新設された．

　著者は東京大学教養学部で25年間奉職し定年退官後，1991年に放送大学に転任した．東京大学での経験を踏襲し，1994年から統計熱力学の講義を開設して著者がこれを担当した．1995年には裳華房から「熱統計力学」とその演習書を出版させていただいた．ところで放送大学の講義の方だが，最初は400人程いた聴講生も学期が進むにつれて減少し，最初から3年たった1997年にはついに100人を切ってしまった．放送大学の講義は4年間続くが，当時の規則では参加する学生数が100人以下だとその講義は廃止される．というわけで，統計熱力学の講義が不人気な理由を考えた．1つには東大教養の基礎科学科と同様のレベルで話を進めたため講義が難しく学生がついていけないという点，また1つには放送大学の学生は一般的な社会人で必ずしも理系とは限らず講義のネーミングが不適切だという点が浮かんだ．そこで講義が改訂される1998年，講師として当時放送大学の助教授であった堂寺知成氏の協力を得て，講義名もより具体的な「エネルギーと熱」と変え，講義内容もやさしい形とした．同様に，2001年著者が放送大学を定年退職する際，「力

学」という講義を「運動と力」に変更した．

　2005年9月30日まで放送大学の客員教授を務めたが，現在宮仕えを終え完全にフリーな身分となっている．時間的な余裕ができ，若い人に物理の面白さを伝えたいという目的で，長年親交のあったサイエンス社から数々の本を出版させていただいた．前記の統計熱力学も熱統計力学も熱力学と統計力学を融合したもので，両者の和である．日本語でそのような和を表すとき中黒を使うのが常識的であると考え，2003年〈新物理学ライブラリ〉の一環として「熱・統計力学入門」を刊行した．放送大学流に科目名を変更するのも一策であるが，力学，熱力学，統計力学などは既に定着した用語なので，このような言葉を用いた．2002年から演習書も手掛け「電磁気学」，「力学」，「物理学」，「量子力学」の順で発行した．本書はこの演習書のシリーズ中最後の巻に相当し，「熱・統計力学入門」（以下「入門」と略記）に準拠している．

　本書の執筆に当たり，章立てや各章の内容はできるだけ「入門」のそれと同じになるように心掛けた．という意味で「入門」の二番煎じという印象をもたれるかもしれないが，「新・演習 電磁気学」のまえがきで強調したように物理の習得には繰り返しの必要な点をご理解願えれば幸いである．そうはいっても本書の内容は「入門」と全く同一というわけではない．ページ数の関係で「入門」の8.4節と8.5節とをまとめ，本書では分配関数とボルツマンの原理という1節にした．また，第9章の古典力学の応用のところではアインシュタインの比熱式を付け加えた．さらに，イジング模型の磁気モーメントの定義を現代風に改めた．細かい点かもしれないが，定積比熱を表すc_vという記号はそのままにし，定積モル比熱や定積熱容量の記号としてC_Vを用いることにした．一般に体積は大文字のVで表すので，それにしたがったわけである．

　筆者は1961年から1966年まで物性研に在職したが，その頃，山内恭彦先生の監修で「新物理学シリーズ」の発刊が培風館で計画された．著者もその1つ「電気伝導」を担当したが，当時培風館におられた森平勇三氏には原稿作成の最初から校了にいたるまで大変お世話になった．森平氏はその後独立されサイエンス社を設立されたが，この名前は山内先生の示唆によるものとお伺いしている．森平社長も著者も同じ午年で多少親父ギャグに近いが，「ウマが合う」という感じでこれまでお付

まえがき

き合いしていただいた．今後も，ともに我が国の文化の発展に寄与したいと願っている．

最後に，本書の執筆にあたり，いろいろご面倒をおかけしたサイエンス社の田島伸彦氏，鈴木綾子氏に厚く感謝の意を表する次第である．

2006 年春

阿 部 龍 蔵

目　　次

第1章 温　　度　　2

1.1 温度の定義 2
　　　東京の平均気温
1.2 高温と低温 4
　　　温度の調整法
1.3 熱　平　衡 7
　　　温度の存在証明
1.4 各種の温度計 10
　　　温度測定，温度調整に関連した器具

第2章 熱　現　象　　12

2.1 熱　と　熱　量 12
　　　氷の融解と水の気化
2.2 熱容量と比熱 14
　　　熱量計の原理
2.3 熱　の　働　き 16
　　　レールの継ぎ目　　状態量と状態図
2.4 熱　の　移　動 20
　　　熱の移動

第3章 熱と仕事　　22

3.1 熱と仕事との関係 22
　　　熱膨張による仕事
3.2 火　の　歴　史 24
　　　火の歴史
3.3 熱の仕事当量 26
　　　ジュールの実験

目　次　　　　　　　　　　　v

3.4　状態方程式 28
　　　気体定数　　等積線

第 4 章　熱力学第一法則　　　　　　　　　　32

4.1　内部エネルギー 32
　　　内部エネルギーの変化
4.2　熱力学第一法則 34
　　　dW に対する一般的な表現
4.3　理想気体の性質 36
　　　理想気体の内部エネルギー
4.4　断 熱 変 化 38
　　　等温線と断熱線
4.5　サ イ ク ル 40
　　　カルノーサイクル

第 5 章　熱力学第二法則　　　　　　　　　　44

5.1　可逆過程と不可逆過程 44
　　　可逆過程と不可逆過程
5.2　クラウジウスの原理とトムソンの原理 46
　　　クラウジウスの原理とトムソンの原理の等価性
5.3　可逆サイクルと不可逆サイクル 48
　　　一般的なサイクルの効率
5.4　クラウジウスの不等式 50
　　　3 個の熱源に対するクラウジウスの不等式
5.5　エントロピー 52
　　　状態変化とエントロピーの差　　エントロピー増大則
5.6　各種の熱力学関数 55
　　　ギブス–ヘルムホルツの式
5.7　化学ポテンシャル 57
　　　2 相の平衡と化学ポテンシャル　　クラウジウス–クラペイロンの式

第6章 分子の熱運動　　60

6.1 気体分子の速度分布 60
関数方程式の解

6.2 気体の圧力 63
ガウス積分　　圧力の計算

6.3 マクスウェルの速度分布則 66
ボルツマン定数

6.4 各種の平均値 68
$\langle v^p \rangle$ の計算

6.5 理想気体の内部エネルギー 70
マクスウェルの速度分布則

第7章 統計力学の基本的な考え方　　72

7.1 解析力学入門 72
ハミルトニアンと力学的エネルギー

7.2 位相空間 74
代表点の描く軌道が囲む領域の面積

7.3 ほとんど独立な粒子の集まり 76
分子運動論における確率分布

7.4 エルゴード仮説 78
ワイルの玉突き

第8章 マクスウェル-ボルツマン分布　　80

8.1 位相空間の分割 80
配置数

8.2 最大確率の分布 82
スターリングの公式

8.3 マクスウェル-ボルツマン分布 85
マクスウェル-ボルツマン分布の例

8.4 分配関数とボルツマンの原理 87
直線上につながった分子

第 9 章　統計力学の応用　　90

9.1　単原子分子の理想気体 … 90
ヘルムホルツの自由エネルギーの示量性

9.2　1 次元調和振動子 … 93
1 次元調和振動子のエネルギーの平均値

9.3　固体の比熱 … 95
アインシュタインの比熱式

9.4　2 原子分子の理想気体 … 98
回転運動のハミルトニアン　　回転運動の分配関数

9.5　イジング模型 … 102
ショットキー比熱

第 10 章　正準集団と大正準集団　　104

10.1　正準集団 … 104
正準分布の導出

10.2　分配関数 … 106
自由粒子の集団　　第 2 ビリアル係数
1 次元イジング模型の固有値問題

10.3　大正準集団 … 114
多成分系の大正準分布

10.4　大分配関数 … 116
熱力学における関係　　2 粒子系の波動関数

10.5　分配関数と大分配関数 … 121
理想気体の大分配関数　　量子統計に従う体系の Ω

10.6　ゆらぎ … 126
エネルギーのゆらぎと定積熱容量　　粒子数のゆらぎ

問 題 解 答 130

第 1 章の解答 130
第 2 章の解答 131
第 3 章の解答 134
第 4 章の解答 138
第 5 章の解答 140
第 6 章の解答 146
第 7 章の解答 151
第 8 章の解答 154
第 9 章の解答 158
第 10 章の解答 163

索　　引 170

コラム

カラテオドリと空手踊り　9
電子トラックとフォノントラック　21
断熱変化と入道雲　39
サディ・カルノー　43
ビデオの威力　45
気体運動論の発展　60
順列と組合せ　81
日常生活と確率　92
時間平均と集団平均　107
2 次元イジング模型　113

新・演習
熱・統計力学

1 温　　　度

1.1 温度の定義

● **セ氏温度** ● 寒い，暑い，冷たい，暖かいといった寒暖の度合いを定量的に表すものが温度である．よく使われる単位は**セルシウス度**あるいは**セ氏温度**で，1気圧の下，氷の溶ける温度を 0，水が沸騰する温度を 100 と決め，この間を 100 等分して 1 度とする．ちなみに，セルシウス (1701-1744) はスウェーデンの物理学者で 1742 年にセ氏温度を導入した．この温度を記号 °C で表す．さらに，この目盛りを 0 °C 以下および 100 °C 以上におし広げて使用する．通常の温度計は °C 目盛りで表され，体温，気温を測る場合にはこの目盛りが使われる．身近な物理量にはいろいろな種類のものがあるが，気温はそのような例の 1 つである（例題 1）．

● **カ氏温度** ● 氷の溶ける温度を 32 °F，水の沸騰する温度を 212 °F と決め，その間を 180 等分し 1 度とした温度を**カ氏温度**といい，それを表すのに °F の記号が使われる．カ氏温度はドイツの物理学者ファーレンハイト (1686-1736) により 1724 年導入された．ファーレンハイトは中国語表記で華倫海と書け，これを日本流に華氏と表し，それが片仮名表記でカ氏となった．セ氏温度とカ氏温度との間には

$$（カ氏温度） = \frac{9}{5}（セ氏温度） + 32 \tag{1.1}$$

という関係が成り立つ．

● **絶対温度** ● 温度を表すのに物理では**絶対温度**を使う．物理量を表すとき，長さを m，質量を kg，時間を s，電流を A で表す単位系が使われる場合があって，これを **MKSA 単位系**または**国際単位系**という．絶対温度は国際単位系における温度の尺度であると考えてよい．温度には高い方に制限はなく，いくらでも高い温度を想定することができるが，低い方には制限があり，それ以下の温度は実現不可能という下限が存在する．この温度は -273 °C（正確には -273.15 °C）で，それを**絶対零度**という．t °C の t に 273.15 を加えたものが絶対温度で通常これを T の記号で表す．すなわち

$$T = t + 273.15 \tag{1.2}$$

である．絶対温度の単位は**ケルビン (K)** で，例えば 27 °C の温度はほぼ 300 K となる．ケルビン (1824-1907) はイギリスの物理学者で K の記号はその頭文字に由来する．温度差を表すとき，°C のかわりに K の記号を用いる．

1.1 温度の定義

例題 1 ──────────────────────────── 東京の平均気温 ──

表 1.1 は 1971 年から 2000 年までの東京における月別の気温の平均値（°C）である．この表を使って以下の問に答えよ．
(a) 表 1.1 を用い，平均気温の毎月の変化を表すグラフを描け．
(b) 東京の年当たりの平均値は何 °C か．

表 1.1 東京における月別の平均気温（°C）

1月	2月	3月	4月	5月	6月	7月	8月	9月	10月	11月	12月
5.8	6.1	8.9	14.4	18.7	21.8	25.4	27.1	23.5	18.2	13.0	8.4

解答 (a) 図 1.1 のようになる．

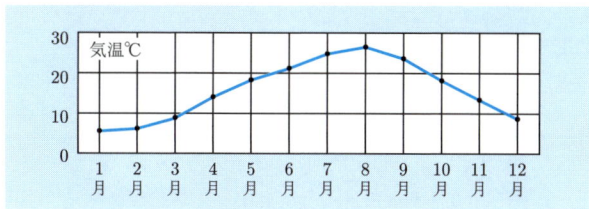

図 1.1 東京における平均気温

(b) 表 1.1 の各月の気温を 1 年間について平均すると
$$\frac{5.8+6.1+8.9+14.4+18.7+21.8+25.4+27.1+23.5+18.2+13.0+8.4}{12}=15.9$$
と計算され，求める気温は 15.9 °C となる．

参考 **日本人の温度観** 日本人が日本列島に定着してから数千年の歴史をもつ．私たちの祖先は字をもたず，古い記録は人間の記憶に頼っていた．古事記はこのような記憶に基づき編纂されたという話である．日本のことが歴史書に始めて記述されるのは「魏志倭人伝」でこれは 2 世紀後半から 3 世紀前半のわが国の状況を伝えたものである．この温暖な島国に定着し寒暖の差は定性的に肌で感じていたと思うが，私たちの祖先はそれを定量的に表すという発想をもたなかった．文化的な貢献はもっぱら外国人任せだったようで，わが国の気温が定量的に測定されたのはシーボルト（1796-1866）による．彼の残したデータは地球温暖化の研究に役立つということである．

── 問 題 ──

1.1 30 °C をカ氏温度で表すと何 °F となるか．
1.2 25 °C は絶対温度では何 K となるか．

1.2 高温と低温

● **生物と温度** ● 寒すぎても，暑すぎても生物は生きていけない．地球上の気温は大ざっぱにいって $-20°\mathrm{C} \sim 40°\mathrm{C}$ という範囲であろう．風呂の適温は $43°\mathrm{C}$ といわれているが，これより数度高いとやけどをする可能性がある．しかし，物理の対象は高温，低温などいろいろな場合がある．それらの例を図示したのが図 1.2 である．

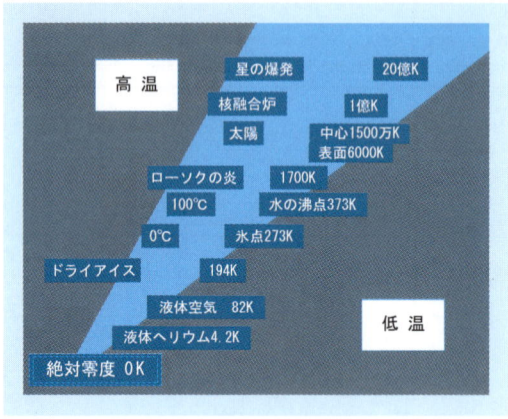

図 1.2　高温と低温

● **星，太陽の温度** ● 星の爆発に伴う温度は 20 億 K，太陽の中心温度は 1500 万 K，その表面温度は 6000 K であると推定されている．恒星は自ら輝く星であるが，その色は星の表面温度で決まる．赤→黄→青の順に，ほぼ虹の色の並び方につれ温度は高くなる．さそり座の赤い星アンタレスの表面温度は 3000 K，北斗七星の柄を延長したところにみえるアークトゥルスはだいだい色で表面温度は 4000 K，大犬座の青白く輝くシリウスでは 1 万 K の程度である．

● **高温プラズマ** ● 気体を超高温にすると気体分子は原子核と電子とに分離して，それぞれの粒子は自由に運動するようになる．このような正負の荷電粒子の集団を**プラズマ**という．未来のエネルギー源として注目されている核融合反応では，1 億 K 以上の高温プラズマを発生させることが必要とされ，さまざまな研究が行われている．

● **炎の温度** ● 家庭で使われる都市ガス，プロパンガスなどの気体が燃えると炎ができる．この炎の温度は 1000 K〜2000 K 程度の高温である．炎の温度は，その部分によって違う．空気を十分与えて燃やしたとき，外炎の少し上の部分がもっとも高温となる．ローソクの炎の場合，その温度は 1700 K である．

1.2 高温と低温

- **寒剤** 氷に食塩や塩化カルシウムなどを加えると，0°C以下が実現し $-20°C$ から $-50°C$ 程度の低温が得られる．このような低温を実現させるための物質を**寒剤**という．二酸化炭素 (CO_2) を数10気圧の高い圧力でボンベに詰めて液化させ，これを急に空気中に吹き出させると，液体から気体になる際温度が下がり，雪のような白い粉ができる．これは二酸化炭素の固体で，いわゆるドライアイスである．ドライアイスは $-79°C$ でアイスクリームを冷やすなどの寒剤として利用される．

- **電気冷蔵庫** 液体を気体にするためには液体にある量の熱を加える必要がある．この熱を**気化熱**という．アンモニアの気体を圧縮して液体にし，これを急に圧力の低いところへ吹き出させると液体は気体に変わる．このとき液体は気化熱を奪うのでまわりの温度が下がる．このような方法で，$-10°C$ 程度の低温が実現する．電気冷蔵庫はこの原理を利用している．なお，上述のドライアイスの場合も，いまと同じで液体が気体になるとき気化熱を周囲から奪うため温度が下がる性質を利用している．アンモニアのように低温を実現する物質を**冷媒**という．電気冷蔵庫の冷媒としてフロンが利用されたが，成層圏のオゾン層を破壊することがわかり，1995年以降フロンは生産中止となった．現在は冷媒として代替フロンが使われている．

- **液体空気** 熱の出入りがないようにして気体を急に膨張させると，その気体の温度が下がる．これを**断熱膨張**という．断熱膨張を何回も繰り返すと，気体の温度はどんどん下がっていき，ついには気体は液体となる．例えば，液体空気はこのような方法で作られる．液体空気は液体窒素（77.3 K），液体酸素（90.2 K）の混合物である．ただし，括弧内の温度はそれぞれの物質の沸点を表す．

> **参考** 温度の調節　近代技術の発達により温度の調節は簡単にできるようになった．しかし，100年前はどうであったろう．温度を測るのに定量的な尺度はないとしても，われわれの祖先は，寒さを防ぐ術として火鉢，コタツ，どてらといったものを発明してくれた．しかし，暑さに対してはお手上げで，庭に打水をするか，風鈴を軒につるすか，扇子を使うかして涼を得んと努力したに違いない．冬の氷を氷室に貯え，夏に利用するというアイディアは諸外国では紀元前約1000年，わが国でも仁徳天皇の時代に記録があるとのことである．「削り氷にあまづら」を入れたものを「貴てなるもの」と枕草子の著者清少納言は讃えた．このような超デラックスな氷菓子は，遠く平安の時代の庶民には高嶺の花と映ったに違いない．著者が小学校の生徒だった昭和10年代，冷蔵庫はあったがもっぱら市販の氷を利用した．氷屋という職業が立派に通用しわが家の近くに製氷工場があった．いつかその工場を見学させてもらったが，アンモニアの鼻をつくような匂いがいまでも記憶にある．現在では，電気冷蔵庫を利用して各家庭で夏冬を問わずいつでも氷が作られる時代となった．

例題 2 ── 温度の調整法

夏の熱い日，涼しくなるために現代人はエアコンの完備している部屋に入り外部より低い温度を保とうとする．エアコンなどがないとき人あるいは動物は次のような方法で涼しくなろうとした．以下の (a)～(c) で熱をどのように奪ったかについて論じよ．
(a) 庭に打ち水をして涼しくなろうとした．
(b) 扇子あるいは団扇で体を扇いだ．
(c) 犬はハーハーいって激しく息を吐いた．

[解答] (a) 庭に水をまくと水が蒸発し，その際，周囲から気化熱を奪うので涼しくなる．打ち水は科学的な行為である．

(b) 人間には汗腺から汗が出ているため，扇子や団扇で扇ぐと汗が蒸発しその際，熱が奪われる．

(c) 犬には汗腺がないので激しく息を吐き水分を蒸発させるようにする．

[参考] **火の功罪** 原始人は，火の利用によって文明世界への第 1 歩を記した．人以外の動物は火を恐れるのに反し，人は火を恐れない．これは人が万物の霊長であるといわれる 1 つの理由であろう．猛獣から身を守るため，明かり，調理，保温，陶器の製作など火は文化をもち始めた人々に多大の恩恵を与えた．18 世紀の半ば以降の実用的な蒸気機関の発明は産業革命をもたらし，ガソリン機関はそれに拍車を掛けた感がある．核エネルギーはしばしば「原子力の火」と呼ばれるように，火は現代文明のエネルギー源として不動の位置を占めている．しかし，火はよいところだけをもっているのではなく時と場合により私たちの生命と財産を脅かす恐ろしい存在となる．昔から「火事と喧嘩は江戸の華」といわれるが，大火は途方もない災害をもたらし，歴史上のイベントである．ちょっと例を挙げても，明暦の大火，関東大震災，東京大空襲などがあり，犠牲者はどの場合でも大体 10 万の程度となる．火という同じものがはよいところ，わるいところを兼ね備え，火の功罪といってもよいであろう．このように同じものが矛盾した性質を示すことを哲学的に「矛盾的自己同一」という．

問　題

2.1 以下に示すセ氏温度は絶対温度に換算すると何 K となるか．

(a) 二酸化炭素は 1 気圧の下，気体から直接固体へと変換されこのような状態変化を**昇華**という（通常は固体から気体への変化を昇華という）．ドライアイスはこのような状態変化によって生じその温度は $-78.9\,°C$ である．

(b) 空気を強く圧縮，冷却して，圧力を下げた空間に噴出させると，空気は膨張しさらに温度が下がる．このような過程をくりかえすと，空気は液化し，1 気圧の下では $-191.5\,°C$ の温度を示す．

1.3 熱平衡

- **温度変化と熱の移動** 熱い風呂の湯をさますためには，湯に冷たい水を注げばよい．このような温度調整は日常経験することである．一般に，高温物体と低温物体とを接触させておくと，前者から後者へ熱が移動すると考えられる．むしろ，このようにして熱は定義されるのだが，これについては 2.1 節を参照せよ．高温物体から低温物体に熱が移動した結果，高温物体の温度は下がり低温物体の温度は上がる．このような熱の移動を**熱伝導**という．

- **熱平衡** 高温物体と低温物体を接しておくと，前者から後者へ熱が移動するが，しばらくたつと，両者の温度が同じになり，熱の移動が止む．このように 2 つの物体があって，それらの温度が同じであり，2 つの物体の間に熱の移動がないとき，この 2 つの物体は**熱平衡**の状態にあるという．

[参考] **力学における平衡と熱平衡** 力学の場合には，物体にいくつかの力が働き結果として物体が静止しているとき，その物体は平衡状態にあるという．熱の場合でも同じことで，いわば熱が静止していれば熱平衡状態が実現していると考えてよい．

- **三物体間の熱平衡則** 物体 A が物体 B と熱平衡にあり，また，物体 A が物体 C と熱平衡にあるとする．このとき，物体 B は物体 C と熱平衡状態にある．このことを**三物体間の熱平衡則**あるいは**熱力学第 0 法則**という．つまり，A と B，A と C とが熱平衡にあれば A の温度と B の温度，A の温度と C の温度とは等しい．したがって，B の温度と C の温度とは等しく，物体 B と物体 C とは熱平衡状態になる．

- **三物体間の熱平衡則と温度** 三物体間の熱平衡則は当然のことを述べているように思えるが，実はそうではない．この法則は温度の存在の数学的な証明に役立つのである．詳細は例題 3 で述べるが，これを理解するには偏微分方程式の知識が必要である．そこで，初心者は証明の詳しい話に立ち入らずスキップして問題 3.1 に飛んでもよい．それでも本書の内容を理解するには差支えがない．一応，三物体間の熱平衡則から導かれる結論の概略を述べておく．

一様な物体の状態は，2 つの物理量（**状態量**）で記述される．状態量に関してはこの後，2.3 節で論じるが，状態量として圧力 p，体積 V を考え，物体 A の量を表すのに A という添字をつけることにする．A と B とが熱平衡にあると p_A, V_A, p_B, V_B は独立ではなく，経験的にこれらの間にある種の関数関係の成り立つことがわかる．このようなことから，三物体間の熱平衡則により

$$f_1(p_A, V_A) = f_2(p_B, V_B) = f_3(p_C, V_C) \tag{1.3}$$

の関係を満たす関数の存在が証明され，この共通の関数が温度である．

例題 3 ─────────────────────────── 温度の存在証明 ─

三物体間の熱平衡則を利用して (1.3) の関係が成立することを証明せよ．

[解答] A と B とが熱平衡にあると

$$\varphi_1(p_A, V_A, p_B, V_B) = 0 \tag{1}$$

となり，同様に A と C とが熱平衡にあるという条件により

$$\varphi_2(p_A, V_A, p_C, V_C) = 0 \tag{2}$$

と書ける．(1), (2) が成立するとき三物体間の熱平衡則により

$$\varphi_3(p_B, V_B, p_C, V_C) = 0 \tag{3}$$

が導かれる．(1) から V_B は p_A, V_A, p_B の関数，(2) から V_C は p_A, V_A, p_C の関数となるので，それを (3) に代入すれば $\varphi_3[p_B, V_B(p_A, V_A, p_B), p_C, V_C(p_A, V_A, p_C)] = 0$ となる．これをそれぞれ p_A, V_A で偏微分すると

$$\frac{\partial \varphi_3}{\partial V_B}\frac{\partial V_B}{\partial p_A} + \frac{\partial \varphi_3}{\partial V_C}\frac{\partial V_C}{\partial p_A} = 0, \quad \frac{\partial \varphi_3}{\partial V_B}\frac{\partial V_B}{\partial V_A} + \frac{\partial \varphi_3}{\partial V_C}\frac{\partial V_C}{\partial V_A} = 0 \tag{4}$$

となり，$\partial\varphi_3/\partial V_B, \partial\varphi_3/\partial V_C$ は同時に 0 でないから係数の作る行列式は 0 で

$$\frac{\partial V_B}{\partial p_A}\frac{\partial V_C}{\partial V_A} = \frac{\partial V_C}{\partial p_A}\frac{\partial V_B}{\partial V_A}$$

が得られる．あるいは，上式を書き換えると

$$\frac{\partial V_B}{\partial p_A}\bigg/\frac{\partial V_B}{\partial V_A} = \frac{\partial V_C}{\partial p_A}\bigg/\frac{\partial V_C}{\partial V_A} \tag{5}$$

となる．(5) の左辺は p_A, V_A, p_B の関数，右辺は p_A, V_A, p_C の関数であり，この左辺，右辺は恒等的に等しいから，p_B, p_C に依存せず p_A, V_A だけの関数となる．これを $-u(p_A, V_A)$ とおけば，(5) は

$$\frac{\partial V_B}{\partial p_A} + u(p_A, V_A)\frac{\partial V_B}{\partial V_A} = 0, \quad \frac{\partial V_C}{\partial p_A} + u(p_A, V_A)\frac{\partial V_C}{\partial V_A} = 0 \tag{6}$$

と表される．(6) の左式を考えると，V_B は p_A, V_A, p_B の関数であるから，この式は V_B に対する 1 次の偏微分方程式を表し，この解法は知られている．すなわち，この左式に伴う連立常微分方程式

$$\frac{dp_A}{1} = \frac{dV_A}{u(p_A, V_A)} = \frac{dp_B}{0} = \frac{dV_B}{0} \tag{7}$$

を考える．初めの 2 つの項から $f_1(p_A, V_A) = a$ という解が得られる．ただし，a は積分定数である．同様に後の 2 つの項から $p_B = b$, $V_B = c$ となる．b, c は積分定数を表す．偏微分方程式の解法によると，$f_2(b,c)$ を任意関数として，方程式の一般解は $a = f_2(b,c)$ ∴ $f_1(p_A, V_A) = f_2(p_B, V_B)$ で与えられる．

同様にして，(6) の右式に付随する連立常微分方程式は

$$\frac{dp_A}{1} = \frac{dV_A}{u(p_A, V_A)} = \frac{dp_C}{0} = \frac{dV_C}{0} \tag{8}$$

と表される．(7) と同様，初めの 2 つの項から $f_1(p_A, V_A) = a$ という解が得られる．後の 2 つの項から $p_C = b$, $V_C = c$ となり，a と b, c とを結び付ける任意関数は一般に f_2 と違うのでこれを f_3 とおく．こうして

$$a = f_3(b, c) \quad \therefore \quad f_1(p_A, V_A) = f_3(p_C, V_C)$$

が得られる．結果をまとめると $f_1(p_A, V_A) = f_2(p_B, V_B) = f_3(p_C, V_C)$ と求まり (1.3) が導かれたことになる．

問題

3.1 温度計が存在可能なのは三物体間の熱平衡則が成立するためである．その理由について述べよ．

3.2 三物体間の熱平衡則において物体 A, B, C はそれぞれ 1 モルの理想気体であるとする．理想気体については後の章で詳しく論じるが，この場合例題 3 中の (1) は

$$p_A V_A = p_B V_B$$

と書けるとしてよい．(1.3) の関係はどのように表されるか．

カラテオドリと空手踊り

例題 3 で述べた温度の存在証明は，大学の物理学科に入学した 1950 年の段階に坂井卓三先生の講義で聞き，見事な話だと感心した経験をもっている．この議論は坂井卓三著「熱学の理論」誠文堂新光社 (1947) に載っているが，本書の解答も坂井先生の議論を借用した．この結果は大変興味深く，1967 年と記憶しているが，大学 3 年生に統計熱力学の講義を生まれて始めて行うこととなり，その最初の時間に温度の存在証明を紹介した．ところが，学生たちには不評で質問もあり結局それ以後，紹介を中止してしまった．大学 3 年のレベルでは偏微分方程式の解法を必ずしも習熟していないのでこのような事態になったと思っている．線形な偏微分方程式の解法は数学的な議論が完成していて，著者の知る限り寺澤寛一著「自然科学者のための数学概論」（岩波書店，1941）がこの方面の名著である．奥付によるとこの本は 1941 年という戦時中に第 1 刷が刊行され，その後刷りを重ね，私の手元にあるのは 1947 年刷である．現在でも出版されているので偏微分方程式の勉強にご利用願えれば幸いである．なお，坂井先生の議論はカラテオドリ（1873-1950，ドイツの数学者）の理論を紹介したものである．著者が 1953 年から 8 年間師事した東京工業大学の市村浩先生は坂井研のご出身で，旧制一高では空手部に属されていた．カラテオドリと空手踊りという語呂合わせのような話をされていたのが印象に残っている．

1.4 各種の温度計

- **液体温度計** 通常の温度計は液体の規則正しい熱膨張を利用していて，**棒状温度計**とも呼ばれる．下部に水銀あるいはアルコールを入れておく管球があり，その上は毛管となっている．水銀，アルコールを利用した温度計をそれぞれ**水銀温度計**（温度の範囲 $-30\,°C \sim 300\,°C$），**アルコール温度計**（温度の範囲 $-100\,°C \sim 80\,°C$）という．
- **体温計** 体温計は基本的に液体温度計であるが，最近では温度が数字で表示されるデジタル式の体温計が使われている．この体温計では最初の温度の上昇具合から熱平衡の温度をコンピュータで予測するので 1 分程度の短時間で体温が測定できる．
- **バイメタル温度計** 熱膨張の仕方が違う 2 種の金属の薄い板をはりあわせたものは，温度によって曲がり方が違う．これをバイメタルという．バイメタルは温度の測定，温度を自動的に調節する**サーモスタット**などに利用されている．
- **光高温計** 物体からは，熱放射という現象によって，電磁波が放出されている．物体の温度が約 $700\,°C$ 以上になると，可視光が放出されるようになる．高温物体が出す光の性質を調べると，その物体の温度を測定することができる．最近では物体の出す赤外線を感知し測定場所をレーザマーカで指定するような赤外線放射温度計（温度範囲 $-20\,°C \sim 315\,°C$）も実用化されている（図 1.3）．
- **サーモグラフィー** 熱放射の場合，その波長分布は物体の温度によって違ってくる．1.2 節で学んだような星の色と表面温度との関係はこの性質の反映である．熱放射の波長から物体の温度を測り，物体の温度分布を色によって表示でき，このような方法をサーモグラフィーという．一例を図 1.4 に示す．サーモグラフィーを利用すると，体の各部分の温度を色で表すことができるので，これは医療などに使われている．

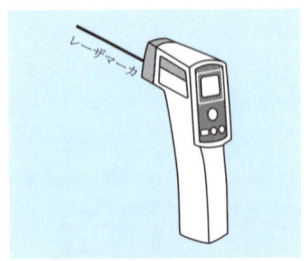

図 **1.3** 赤外線放射温度計

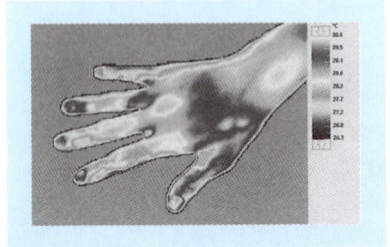

図 **1.4** サーモグラフィーの一例（「物理のトビラをたたこう」，阿部龍蔵，岩波ジュニア新書，2003）

1.4 各種の温度計

例題 4 ─────────────── 温度測定，温度調整に関連した器具 ─

温度測定あるいは温度調節と関連する，身辺にある器具について論じよ．

[**解答**] アルコール温度計は寒暖計ともいい，各家庭にあるのは図 1.5(a) のような構造をもつ．普通は，左右の目盛りは °C を表すが，左は °C，右は °F を表すものもある．目盛りを円上に配置し [図 1.5(b)]，指針で温度を表示する型も利用されている．旧式のエアコンは温度を定量的に表示せず，感覚で温暖を調節するが，最近のエアコン，ヒーター，ガス風呂，湯沸かし器などは温度をデジタル標記するようになった．

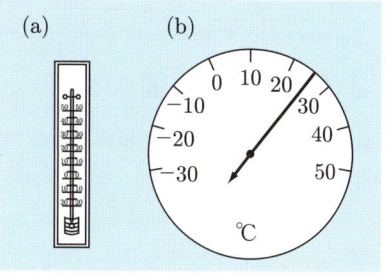

図 1.5 温度計

[**参考**] **宇宙背景放射** 第二次世界大戦後，可視光線の代わりに電波を使って天体を観測する電波天文学が発展していた．その背後には大戦中，電波を利用する索敵兵器，いわゆる電波兵器の進歩がある．戦時中，私たち物理学科の先輩たちもレーダーの研究に従事し，マイクロ波の発振に成功した例もある．最近では「チンする」という妙な日本語が定着しつつあるが，現在ではほとんどすべての家庭で使用している電子レンジもこの流れに乗るものである．1960 年代には宇宙のすべての方向から一様に地球に入射するマイクロ波が発見され，そのピークは波長 1.1 mm あたりにあることがわかった．熱放射の場合，放射エネルギーの波長分布を記述するのはプランク分布の公式であるが，この法則を用いると，地球に入射する放射はほぼ 3 K の温度に相当する．この放射は宇宙背景放射と呼ばれる．宇宙はいまからおよそ 137 億年前，ビッグバンという現象によって創成されたと仮定されている．宇宙背景放射はビッグバンの初期段階に宇宙を満たしていた放射の名残と考えられていて，この現象の発見者ペンジアスとウィルソンには 1978 年ノーベル物理学賞が贈られた．

問題

4.1 金属の電気抵抗は温度を上げると大きくなる．したがって，逆に電気抵抗を測定することによって温度を知ることができる．このような原理を利用した温度計は**抵抗温度計**と呼ばれ，白金がよく使われる．100 °C の白金線の電気抵抗は 0 °C の値の 1.39 倍と測定されている．白金線の電気抵抗 R をセ氏温度 t の関数として $R = R_0(1 + \alpha t)$ と表したとき，温度係数 α を求めよ．

4.2 図 1.3 で示した赤外線放射温度計では物体と触れることなく温度の測定が可能である．実用的な面でこの性質はどんな利点があるかについて考察せよ．

2 熱現象

2.1 熱と熱量

● **熱の定義と熱量** ● 　高温物体と低温物体とを接触させると，高温部から低温部へ熱が移動する．一般に，物体の温度を変える原因になるものを**熱**という．ガスバーナーで水を加熱するとき，十分時間をかけ熱を加えれば加えるほど水の温度が高くなる．すなわち，熱には「熱の量」といったものが考えられる．熱の量を**熱量**という．熱量の伝統的な単位は**カロリー** (cal) で，1 cal とは水 1 g の温度を 1 K だけ上げるのに必要な熱量である．正確にいうと，水 1 g の温度を 14.5 ℃ から 15.5 ℃ まで 1 K だけ上昇させるのに必要な熱量が 1 カロリーであると定義されている．食物の熱量をカロリーで表すとき**大カロリー** (= kcal = 10^3 cal) を使う．最近では大カロリーという表現より kcal を使うことが多い．後で学ぶように，熱量は力学的な仕事と等価である．このため，熱量を仕事の単位である**ジュール** (J) で表すこともできる．仕事の単位として物理の立場では J が望ましく，食物のもつ熱量も J で表すべきであるが，わが国ではその段階に達していない．

● **潜熱** ● 　一般に水を加熱したとき，ある温度に上昇させるため必要な熱量は水の質量と温度差の積に比例する．1 気圧の下，一定量の 0 ℃ の氷をビーカ内に封入し熱は外部に逃げないとして，これをバーナーで熱したとする．ただし，バーナーは一定の割合で熱を提供するものとする．氷は溶けて水になるが，全部が水になるまで温度は 0 ℃ のままで図 2.1 の A と B の間では氷と水が共存する．この場合，氷に加わる熱は温度を上げるのではなく氷という固体状態が水という液体状態に変わるために使われる．このような熱を**融解熱**といい，その値は氷では 1 g 当たり 80 cal である．図の B と C との間で熱は水の温度を上げるのに使われる．C で水の蒸発 (気化) が始まると全部が水蒸気 (気体) になる D まで水と水蒸気が共存し，温度は 100 ℃ に保たれる．C と D との間に加えられた熱量は液体状態を気体状態に変えるのに使われる．この熱量を**気化熱**といい，その値は水 1 g 当たり 539 cal である．また，以上のような状態変化に伴う熱を**潜熱**という．

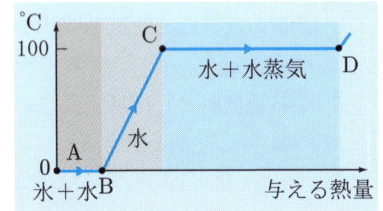

図 2.1　水の状態の変化

2.1 熱 と 熱 量   13

例題 1 ────────────────── 氷の融解と水の気化 ─

1気圧の下，10 g の氷を容器に入れる．一定の割合で熱を提供するバーナーで容器を熱し図 2.1 のような状態変化を起こさせるとする．ただし，熱はすべて体系に加わるとし，外部には逃げないと仮定する．

(a) 図の B から C に至るまで 500 s かかった．バーナーが体系に加える熱量は毎秒当たり何 cal か．

(b) A から B に至るまでの時間 (氷をすべて水に変えるまでの所要時間) と C から D に至るまでの時間 (水がすべて蒸発するまでの所要時間) を求めよ．

[解答] (a) 水の質量は 10 g であるから，B → C と温度上昇に必要な熱量は 10^3 cal である．したがって，バーナーは 1 s 当たり 1000/500 cal = 2 cal の熱量を提供する．

(b) 氷を全部水にするためには 800 cal の熱量が必要で，所要時間は 800/2 s = 400 s = 6 分 40 s となる．同様に，水を全部蒸発させるには 5390 cal の熱量が必要で，所要時間は 5390/2 s = 2695 s = 44 分 55 s と計算される．

[参考] **状態の変化** ある一定圧力のもと固体が液体になる現象を**融解**，その温度を**融点**といい，このとき加える熱量が**融解熱**である．特に氷の融点を**氷点**という場合がある．逆に液体が固体になる現象を**凝固**，その温度を**凝固点**という．凝固の際，融解熱と同じ熱量が放出される．同様に一定圧力下で液体が気体になる現象を**蒸発** (**気化**)，その温度を**沸点**，加える熱量を**気化熱**という．逆の変化を**液化**または**凝縮**というが，液化の際，気化熱と同量の熱量が放出される．

問 題

1.1 ポットに入れた水温 30 °C，1.5 l の水に熱を加え，この水を 100 °C にするために最小限必要な熱量を求めよ．

1.2 25 °C，10 g の水に 100 cal の熱量を加えたとき，この水の温度は何 °C になるか．

1.3 20 g の氷をすべて水蒸気に変えるために必要な熱量は何 cal となるか．次の①～④のうちから正しいものを 1 つ選べ．

　① 1600 cal　② 2000 cal　③ 10780 cal　④ 14380 cal

1.4 食品は水分，タンパク質，炭水化物，脂肪，鉄やナトリウムなどの無機物，各種のビタミンなどから構成される．このうちタンパク質，炭水化物は 1 g 当たり約 4 kcal，脂肪は 1 g 当たり約 9 kcal の熱量をもつ．100 g のご飯のうち，65 g は水分，2.6 g はタンパク質，31.7 g は炭水化物，0.5 g は脂肪である．

(a) ご飯 100 g の熱量は何 cal か．

(b) 人体の大部分は水であるから，体重 60 kg の人は質量 60 kg の水とみなせる．(a) の熱量がすべて体温の上昇に使われたとすれば，体温上昇は何 K か．

2.2 熱容量と比熱

● **熱容量** ● ある物体の温度を 1 K だけ上げるのに必要な熱量をその物体の**熱容量**という．熱容量は物体の質量に比例する．例えば，物体 200 g の熱容量は同じ物体 100 g の 2 倍である．熱容量の単位は cal·K^{-1} で表される．

● **比熱** ● 1 g の物質の熱容量をその物質の**比熱**という．すなわち，ある物質 1 g の温度を 1 K だけ上げるのに必要な熱量がその物質の比熱である．比熱は物質の種類によって決まる定数で，密度とか電気抵抗率などと同様に，物質の性質を記述する重要な物理量である．比熱は一般に温度により異なるが，ここでは比熱の温度依存性はないと仮定する．それを c cal·g^{-1}·K^{-1} とすれば，質量 m g の物体の温度を t K だけ上げるのに必要な熱量 Q cal は

$$Q = mct \tag{2.1}$$

で与えられる．同じ物体の温度が t K だけ下がるとき，失われる熱量 Q も (2.1) のように書ける．比熱の単位が J·g^{-1}·K^{-1} であれば (2.1) の Q は J で表される．

● **各種の物質の比熱** ● 比熱の数値は理科年表に記載されている．固体，液体における物質の比熱を調べると水の比熱は最大であることがわかる．気体の中には，水素のように 1 cal·g^{-1}·K^{-1} より大きな比熱をもつものもあるが，大部分はこれより小さい．水の比熱が大きな値をもつ点は，気象の面で重要な意味をもつ．比熱が大きいという性質は温まりにくく，冷めにくいということである．このため海岸地方のように水に恵まれている所では，気候は温暖で 1 日の間の気温変化も比較的少ない．これに反して，砂漠地方などでは，岩石や砂の比熱が小さいため，日中は大変暑いが夜間は冷え，寒暖の差が激しくなる．気体の比熱は一定体積の場合と一定圧力の場合とで値が違う．これについては 4.3 節で論じる．

● **熱量保存則** ● 外部との間に熱の出入りがないようにして，高温物体と低温物体とを互いに接触させたり，または混合させたりするとき

$$(高温物体の失った熱量) = (低温物体の受けとった熱量) \tag{2.2}$$

の関係が成り立つ．これを**熱量保存則**という．質量 m g，温度 t K の水の中に，質量 M g，温度 T K の物体を入れ放置しておくと，しばらくして両者は熱平衡の状態に達する．このときの温度を T' とする．$t < T' < T$ とし，外部との間に熱の出入りがないとすれば物体の失った熱量は $Mc(T - T')$，水の受けとった熱量は $m(T' - t)$ で熱量保存則により $Mc(T - T') = m(T' - t)$ が成り立ち，c は次のように書ける．

$$c = \frac{m(T' - t)}{M(T - T')} \text{ cal·g}^{-1}\text{·K}^{-1} \tag{2.3}$$

2.2 熱容量と比熱

例題 2 ─────────────────── **熱量計の原理** ─

図 2.2 は比熱を測定するための装置すなわち**熱量計**の原理を示したものである．熱量計は断熱壁からできているとし，この中の容器中に水を入れ水中に比熱を測定したい物体を挿入し温度変化を温度計で測定する．熱量計はある質量の水と等価であるとし，これを熱量計の**水当量**という．熱量計に水 150g を入れて，20.0°C に保ってある．この熱量計に 60.0°C の湯 100g を入れたら，34.3°C になった．さらにひき続き 100°C に熱せられた 100g のアルミニウムの球を入れたら，全体の温度は 38.8°C になった．この熱量計の見かけ上の水当量とアルミニウムの比熱を求めよ．

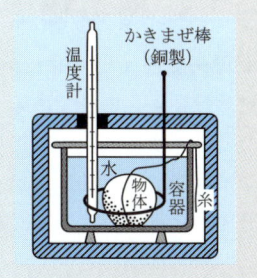

図 2.2 熱量計の原理

[解答] 熱量計の水当量を m g とすれば，熱量保存則により
$$(m+150)(34.3-20.0) = 100 \times (60.0-34.3)$$
が成り立つ．これから $m = 30$ g となる．アルミニウムの比熱を $c\, \text{cal} \cdot \text{g}^{-1} \cdot \text{K}^{-1}$ とすれば，アルミニウムの球が失った熱量は次のように表される．
$$100 \times c \times (100-38.8)\, \text{cal} = 6120\, c\, \text{cal}$$
熱量計と水 $(150+100)$ g の受けとった熱量は次のように書ける．
$$(30+250)(38.8-34.3)\, \text{cal} = 1260\, \text{cal}$$
熱量保存則により上の熱量は等しいから $6120c = 1260$ となり，これから c は
$$c = 0.21\, \text{cal} \cdot \text{g}^{-1} \cdot \text{K}^{-1}$$
と求まる．

問題

2.1 15°C の水 100g と，30°C の水 150g とを混合し，しばらく放置しておいたら，全体がある温度に到達した．このときの温度を求めよ．ただし，外部と熱の出入りがなかったと仮定する．

2.2 15g の銅の温度が 3K だけ下がった．失われた熱量は何 cal か．ただし，銅の比熱を $0.091\, \text{cal} \cdot \text{g}^{-1} \cdot \text{K}^{-1}$ とする．

2.3 ガス消費量が熱量に換算して，毎分 250 kcal であるガス湯沸かし器を使って，そのときの水温より 40°C 高い湯が毎分 5 l 得られた．このとき，水の温度上昇のために有効に使われた熱量は，加えた熱量の何 % か．ただし，以上の計算で水の比熱を $1\, \text{cal} \cdot \text{g}^{-1} \cdot \text{K}^{-1}$ とする．

2.3 熱の働き

● **熱の働き**　物体に熱が加わると，その物体の温度は上昇する．このような意味で比熱は必ず正の量であるが，その性質は統計力学で証明されている．物体に熱を加えたとき，物体の大きさに変化が起こり，一般には体積が増加し，**熱膨張**の現象が生じる．場合によっては，熱を加えると体積が減少する現象もある．また，熱を加えると液体から気体へといった状態変化が起こることもある．本節ではこのような熱の働きについて学ぶ．

● **固体の熱膨張**　固体に熱を加えると熱膨張が起こるが，長さの熱膨張を**線膨張**，体積の熱膨張を**体膨張**という．また，面積の熱膨張を**面積膨張**という．棒状の固体を熱するとその長さが伸びるが，棒の伸びは棒の種類によって違う．この違いを表すのに**線膨張率**(線膨張係数)を用いる．$t\,°\mathrm{C}$のとき長さlの棒を熱して$t'\,°\mathrm{C}$にしたとき，線膨張のため棒の長さがl'になったとする．この場合，長さの増加分$l'-l$は，lと温度差$t'-t$との積に比例する．この比例定数をαとすれば

$$l' - l = \alpha l(t' - t) \tag{2.4}$$

と書ける．(2.4) のαを**線膨張率**という．温度，長さの増加分をΔt, Δlとすれば

$$\frac{\Delta l}{l} = \alpha\,\Delta t \tag{2.5}$$

となる．すなわち，温度が$1\,\mathrm{K}$上がったとき，長さの伸びの割合がαに等しい．

● **液体の熱膨張**　液体は一定の形をもたないので，液体の場合には，体膨張しか考えられない．この場合の**体膨張率** β は (2.4) のlを体系の体積Vで置き換えた

$$V' - V = \beta V(t' - t) \tag{2.6}$$

と定義される．すなわち，液体の温度を$1\,\mathrm{K}$だけ上げたときに，体系の体積の増加率が，その液体の体膨張率に等しい．あるいは (2.6) は$\Delta V/V = \beta\,\Delta t$と書ける．

● **水の熱膨張**　普通，液体の温度を上げるとその体積は膨張する．しかし，水は特別な物質で図2.3に示すように，$0\,°\mathrm{C}$から$4\,°\mathrm{C}$までは温度を上げると体積は小さくなる．$4\,°\mathrm{C}$以上は通常の液体のように振る舞う．

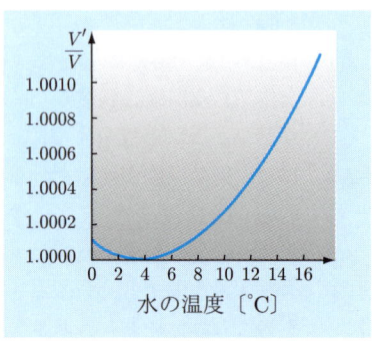

図 **2.3**　水の熱膨張

2.3 熱の働き

● 気体の熱膨張 ● 液体の体膨張率はその種類によって違った値をもつが，気体の体膨張率は気体の種類や温度によらず，ほぼ一定の値をもつ．すなわち，圧力を変えないで気体の温度を 1K 上げると，体積は 1/273 の割合で熱膨張する．したがって，気体の体膨張率は，その種類によらず，次のように表される．

$$\beta = \frac{1}{273} \, \text{K}^{-1} \tag{2.7}$$

● シャルルの法則 ● 一定量の気体が 0°C のとき占める体積を V_0 とすれば，一定圧力では t°C における体積は

$$V = V_0 \left(1 + \frac{t}{273}\right) \tag{2.8}$$

と書ける．$t = -273$°C (正確には -273.15°C) のとき $V = 0$ となる．絶対温度を使い，$T = 273.15 + t$, $T_0 = 273.15$ K とすれば

$$V = \frac{V_0}{T_0} T \tag{2.9}$$

となる．すなわち，一定圧力では，一定量の気体の体積は絶対温度に比例する．これをシャルルの法則という．-273.15°C は気体にとって可能な最低温度でそれが絶対零度である．

● 圧力 ● 気体の状態を決めるにはその圧力を指定する必要がある．図 2.4 のように，一定量の気体をシリンダー中に密閉し，ピストンを F の力で押したとする．ピストンの断面積を S とすれば，単位面積当たりの力は

$$p = \frac{F}{S} \tag{2.10}$$

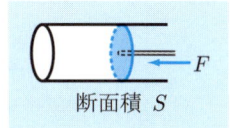

図 **2.4** 圧力

となるがこの p を**圧力**という．圧力の単位は**パスカル** (Pa) で

$$1 \, \text{Pa} = 1 \, \text{N} \cdot \text{m}^{-2}$$

の関係が成り立つ．大気の通常の状態で水銀柱の高さが 760 mm であることから，圧力の単位として**気圧** (atm) がよく使われるが，1 atm をパスカルで表すと

$$1 \, \text{atm} = 101325 \, \text{Pa} \tag{2.11}$$

となる (問題 3.5 参照)．大気圧を表す単位として**ヘクトパスカル** (hPa) が使われている．ヘクトは 100 を意味し，1 hPa = 100 Pa であるから，(2.11) により

$$1 \, \text{atm} = 1013.25 \, \text{hPa} \tag{2.12}$$

である．大ざっぱにいって，1 atm は 1000 hPa に等しいと考えてよい．

―― 例題 3 ―――――――――――――――――――― レールの継ぎ目 ――

鉄道のレールは夏冬の温度差のため伸び縮みする．そのため，レールの継ぎ目には適当な間隔をあけておく．長さ 20 m の鉄でできた棒の温度が 40 K だけ変化するとして，この間隔を求めよ．ただし，鉄の線膨張率は $\alpha = 1.2 \times 10^{-5}\,\mathrm{K}^{-1}$ とする．

[解答] 長さの伸び Δl は
$$\Delta l = 1.2 \times 10^{-5} \times 20 \times 40\,\mathrm{m} = 9.6 \times 10^{-3}\,\mathrm{m} = 9.6\,\mathrm{mm}$$
と計算されるので，継ぎ目はほぼ 1 cm となる．

[参考] **線膨張率の小さな物質**　時計や精密な測定器具などでは，熱膨張の影響をなるべく小さくするため，線膨張率の小さな物質を用いている．例えば鉄 64 %，ニッケル 36 % のニッケル鋼鉄の線膨張率は 20 °C で $\alpha = 0.13 \times 10^{-6}\,\mathrm{K}^{-1}$ と表され，通常の鉄のほぼ 1/100 となる．この合金は別名インバーと呼ばれる．インバーは英語の invariable を略したものである．

～～ 問 題 ～～～～～～～～～～～～～～～～～～～～～～～～～～～

3.1 真鍮の線膨張率は 20 °C で $\alpha = 1.75 \times 10^{-5}\,\mathrm{K}^{-1}$ である．長さ 2 m の真鍮の棒の温度を 100 K 上げたとき，この棒の長さはどれだけ伸びるか．ただし，この間 α は一定で温度には依存しないとする．

3.2 一辺の長さが l の正方形あるいは立方体を考える [図 2.5(a), (b)]．体系の温度を Δt だけ上げたとし，面積あるいは体積の変化を求める．l の伸びを Δl とし $\Delta l/l \ll 1$ と仮定してその高次の項を無視する．このような過程により面膨張率は線膨張率の 2 倍，体膨張率は線膨張率の 3 倍であることを示せ．

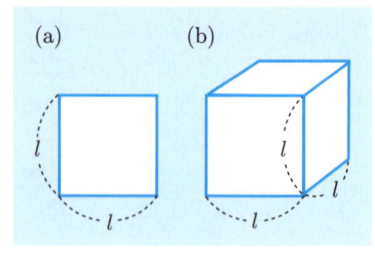

図 2.5　面膨張，体膨張

3.3 1 気圧の下，0 °C の気体の温度を 100 K だけ上げるとする．このとき，気体の体積，密度はそれぞれ何倍になるか．

3.4 体積が 500 m^3，気球自体の質量が 180 kg であるような熱気球がある．地表における空気の温度は $T_0 = 280\,\mathrm{K}$，その密度は $\rho_0 = 1.20\,\mathrm{kg\cdot m^{-3}}$ であるとする．この熱気球を地面から浮上させるには，球体内の空気を最低何 K まで熱することが必要か．

3.5 1 気圧とは水銀柱 760 mm が底面に示す圧力で，これは大気圧の単位として使われている．水銀の密度を $\rho = 13.6\,\mathrm{g\cdot cm^{-3}}$，重力加速度を $g = 9.81\,\mathrm{N\cdot kg^{-1}}$ として 1 気圧は何 Pa に等しいか概算せよ．

2.3 熱の働き

—— 例題 4 ——————————————————————————— 状態量と状態図 ——

一般に，熱平衡状態にある一様な物体の状態を決めるには 2 つの物理量を指定すればよい．このような物理量は物体の状態を表すので，それを**状態量**という．例えば，状態量として体系の圧力 p とその体積 V を選ぶことができる．熱学の分野では，一様な性質をもつ部分を**相**という．このため，気体，液体，固体を気相，液相，固相と呼ぶ．一定量の物体は p, T の値により，気相，液相，固相のいずれかの状態をとる．この 3 つの状態を**物質の三態**という．横軸に T，縦軸に p をとってこの様子を示す図を**状態図**または**相図**という．この図で**三重点**とは，気相，液相，固相の 3 つが共存する点を意味する．水の三重点は $T = 273.16\,\text{K}, p = 611\,\text{Pa}$ でこれは温度の定点として利用される．なお臨界点については 3.4 節を参照せよ．状態図は物質の種類が違えば異なるが，大略図 2.6 のように表される．水は特別な物質で，図 2.3 (p.16) のように氷点で体膨張率 β が $\beta < 0$ となり，この性質は状態図に反映される．固相，液相の境界線は図のように通常は右上がりだが，水の場合には左上がりとなる．その理由を考えよ．

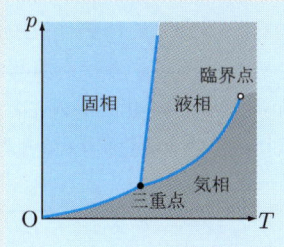

図 2.6　状態図

解答 体積 V を p, T の関数とし $V = V(p, T)$ と表す．上式の全微分をとると

$$dV = \left(\frac{\partial V}{\partial p}\right)_T dp + \left(\frac{\partial V}{\partial T}\right)_p dT \tag{1}$$

となる．ただし，かっこに付けた添字はその変数が一定であることを意味し，これは熱力学でよく使われる表記法である．(1) から

$$\left(\frac{\partial p}{\partial T}\right)_V = \frac{\beta}{\kappa_T} \tag{2}$$

となる．ただし，κ_T は等温圧縮率で (問題 4.1 参照)，$\kappa_T > 0$ である．したがって，**標準状態** ($0\,°\text{C}$, 1 気圧) の近傍で $(\partial p/\partial T)_V$ が固相，液相の境界線上の値に近ければ $\partial p/\partial T < 0$ で題意のようになる (3.4 節参照)．なお固相，液相の境界線上における $\partial p/\partial T$ の数値については 5.7 節で論じる．

問　題

4.1 体積 V の体系に加える圧力を Δp だけ増加させると体積は減少する．体積の変化分を ΔV とするとき $\kappa = -(\Delta V/V)/\Delta p$ で定義される κ を**圧縮率**という．等温圧縮率 κ_T に対する表式を求めよ．

4.2 例題 4 中の (2) を導出せよ．

2.4 熱の移動

● **熱の移動の方法** ● 熱は高温物体から低温物体へと移動するが，その方法には日常生活でも経験されるように，**熱伝導**，**対流**，**熱放射**の3種類がある．

● **熱伝導** ● 熱が高温の部分から低温の部分へ，中間のものを伝わって移動していく現象を**熱伝導**という．熱伝導の度合いは物質によって異なる．熱をよく伝える物質は熱の**良導体**と呼ばれる．金属は熱の良導体である．これに対し，木材，ゴム，空気，水などは熱を伝えにくい物質である．このような物質を熱の**不良導体**という．長さ L，断面積 S の棒の一端を高温に保ちその温度を T_1 とする (図 2.7)．また，棒の他端を低温に保ちその温度を T_2 とする．熱は高温部分から低温部分へ移動するが，棒の断面積を S とすれば，単位時間当たりに移動する熱量 Q は

$$Q = kS\frac{T_1 - T_2}{L} \tag{2.13}$$

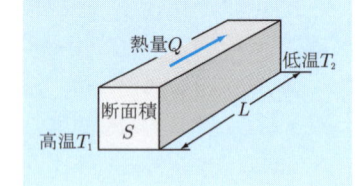

図 2.7 熱伝導率

と表される．上式の比例定数 k を**熱伝導率**という．0°C での銅の k は $k = 4 \times 10^2 \,\mathrm{W\cdot m^{-1}\cdot K^{-1}}$ で同温度の空気では $k = 2.4 \times 10^{-2} \,\mathrm{W\cdot m^{-1}\cdot K^{-1}}$ で前者は後者のほぼ1万7千倍である．これは銅が熱の良導体，空気が熱の不良導体であることを示す．なお，固体の熱伝導率については右ページのコラム欄を参照せよ．

● **対流** ● 水の入っている容器の底の部分を加熱すると，その部分の水は熱膨張のため密度が減少し，冷たい水より軽くなって上昇していく．その結果，まわりから冷たい水が流れ込み，この水が加熱されてまた上昇していく．このように，熱がものを伝わって移動するのではなく，暖まった流体 (液体や気体) の流れによって熱の移動する現象を**対流**という．電気ポットとか風呂の水が沸くのは対流による．また，エアコンでは冷たい空気をファンで送り全体の温度を低くするようにしている．

● **熱放射** ● 人がストーブで暖まっているとき，人とストーブとの間に板などの障害物をおくと，暖かさが減少する．ストーブは空気の対流によって部屋全体を暖めているが，それと同時に直接ストーブから熱が移動してくる．このように，熱を伝える媒質がなくても，直接に高温物体から低温物体へ熱が移動する現象を**熱放射**という．また，熱放射によって運ばれる熱を**放射熱**という．太陽の熱が地球に届くのは熱放射による．熱放射は古典論では理解できず，その説明には量子力学が必要である．詳細は 9.3 節で説明する．

2.4 熱の移動

例題 5　　　　　　　　　　　　　　　　　　　　　　　　　　**熱の移動**

断面積 $5\,\mathrm{mm^2}$，長さ $2\,\mathrm{m}$ の銅線の両端の温度差が $3\,\mathrm{K}$ のとき，毎秒または 10 分の間に熱伝導のため移動する熱量は何 cal か．ただし，銅の熱伝導率は $91.9\,\mathrm{cal\cdot m^{-1}\cdot s^{-1}\cdot K^{-1}}$ とする．

[解答]　$1\,\mathrm{mm} = 10^{-3}\,\mathrm{m}$　∴　$1\,\mathrm{mm^2} = 10^{-6}\,\mathrm{m^2}$ を用いると熱量 Q は毎秒当たり

$$Q = 91.9 \times 5 \times 10^{-6} \times \frac{3}{2}\,\mathrm{cal\cdot s^{-1}} = 6.89 \times 10^{-4}\,\mathrm{cal\cdot s^{-1}}$$

である．また，10 分の間に移動する熱量 Q' は上式を 600 倍し，次のようになる．

$$Q' = 0.413\,\mathrm{cal}$$

3.3 節で示すように，cal と J との間には $1\,\mathrm{cal} = 4.19\,\mathrm{J}$ の関係がある．このため，いまの k を J 単位で表すと，$k = 91.9\,\mathrm{cal\cdot m^{-1}\cdot s^{-1}\cdot K^{-1}} = 3.85 \times 10^2\,\mathrm{J\cdot m^{-1}\cdot s^{-1}\cdot K^{-1}} = 3.85 \times 10^2\,\mathrm{W\cdot m^{-1}\cdot K^{-1}}$ となる．

[参考]　熱放射と電磁波　高温の物体は，その温度で決まる性質の熱線を出していて，この熱線にあたると暖かく感じる．熱線は目に見えない**赤外線**という一種の電磁波である．赤外線の波長は $800\,\mathrm{nm} \sim 1\,\mathrm{mm}$ である（$1\,\mathrm{nm} = 10^{-9}\,\mathrm{m}$）．通常の温度にある物体からも電磁波が放出されていて，それを感知し色で表示するような方法が 1.4 節で述べたサーモグラフィーである．

問　題

5.1　空気を入れた容器の断面積が $0.01\,\mathrm{m^2}$，長さが $1\,\mathrm{m}$，両端の温度差が $10\,\mathrm{K}$ のとき，$500\,\mathrm{s}$ の間に移動する熱量は何 J か．

5.2　ガラスのフラスコに氷と水の混合物を入れ，フラスコの内部は $0°\mathrm{C}$，外側は $8°\mathrm{C}$ に保つとする．フラスコの壁の厚さは $3\,\mathrm{mm}$，熱を通す総面積は $500\,\mathrm{cm^2}$ であるとし，以下の設問に答えよ．

  (a)　外部から内部へ移動する熱量は，単位時間にどれほどか．
  (b)　内部にある氷は，どれだけの速さで溶けていくか．
  ガラスの熱伝導率は $0.21\,\mathrm{cal\cdot m^{-1}\cdot s^{-1}\cdot K^{-1}}$，氷の融解熱は $80\,\mathrm{cal\cdot g^{-1}}$ である．

=========== **電子トラックとフォノントラック** ===========

著者は 1966 年に 5 年間奉職した物性研究所から東大教養学部に移った．赴任後，数年経った大学紛争はなやかなりし頃，某出版社の肝いりで物性研の先生方と物性のやさしい本を出版する計画が持ち上がった．「ごみの中にピカリと光る光り物があればそれは金属である」といった調子である．残念ながらこの本は日の目をみなかったが，私の担当した固体の熱伝導の話では電子はフェルミ速度（$\sim 10^6\,\mathrm{m\cdot s^{-1}}$）で走るが，格子振動を量子化したフォノンは音速（$\sim 10^4\,\mathrm{m\cdot s^{-1}}$）で走るため，前者は後者に比べ熱をよく運ぶとし両者をトラックに譬えたことを覚えている．

3 熱と仕事

3.1 熱と仕事との関係

● **熱と仕事** ● 物体に熱を加えると，その物体の温度が上がる．場合によっては，熱が力学的な仕事に変わることもある．また，物体を熱するかわりに，その物体を摩擦しても温度が上がり，熱を加えたのと同じ結果となる．これは物体に加えられた力学的な仕事が熱に変換されたためである．逆に，熱を力学的な仕事に変えるような装置を**熱機関**という．蒸気機関，ガソリン機関，ディーゼル機関，ロケットなどの熱機関は現代文明を支える重要な柱である．

● **熱から仕事への変換** ● 図 3.1 のように，摩擦のないシリンダーの中に一定量の気体を封じこめて，この気体に熱を加えるとする．その結果，気体は熱膨張するので，ピストンは動き外部に対して力学的な仕事をする．シリンダーの断面積を S とし，気体は外圧 p とつり合いながら，ピストンが Δl の距離だけ移動したとする．圧力とは単位面積当たりの力であるから，ピストンに働く力の大きさ F は

$$F = pS \tag{3.1}$$

と書ける．一方，仕事は力と移動距離の積で定義されるので，気体が熱膨張で外部にした仕事 ΔW は

$$\Delta W = F\Delta l = pS\Delta l = p\Delta V \tag{3.2}$$

となる．ただし，ΔV は体積の増加分で気体が収縮するときには $\Delta V < 0$ とする．

● **仕事から熱への変換** ● 摩擦のある平面上で物体を動かすには，摩擦力に逆らって外から物体に力を加える必要がある．物体がある距離だけ動く間に，この力は仕事をする．その結果，物体と平面とが接触している部分の温度が上がり，熱の発生したことがわかる．このような熱を**摩擦熱**という．摩擦熱の発生は外から加えた力学的な仕事が熱に変換されたことを示す．

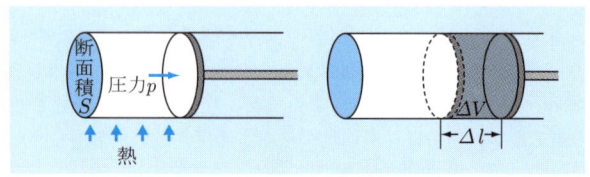

図 3.1　熱から仕事への変換

3.1 熱と仕事との関係

例題 1 ────────────────────── 熱膨張による仕事

1 atm のもと断面積 $3 \times 10^{-3}\,\mathrm{m^2}$ のピストンが熱膨張のため $0.02\,\mathrm{m}$ 移動するとして，以下の問に答えよ．
(a) 熱膨張の結果，ピストンが外部にした仕事は何 J か．
(b) 横軸に気体の体積 V，縦軸に気体の圧力 p をとる．気体の状態変化は Vp 面上でどのように表されるか．

[解答] (a) (2.11) (p.17) により $1\,\mathrm{atm} = 1.013 \times 10^5\,\mathrm{Pa}$ と書ける．したがって，ΔW は次のように計算される．

$$\Delta W = 1.013 \times 10^5 \times 3 \times 10^{-3} \times 0.02\,\mathrm{N\cdot m} = 6.08\,\mathrm{J}$$

(b) 図 3.2 のように表される．

[参考] **準静的過程** ピストン（断面積 S）を図 3.3 のように Δl だけ動かすとし，ピストンに働く外圧を $p^{(\mathrm{e})}$ とすれば，ピストンが気体に及ぼす外力は $p^{(\mathrm{e})}S$ である．気体の圧力 p と $p^{(\mathrm{e})}$ とが等しければ，ピストンに働く力はつり合いピストンは動かない．しかし，p が $p^{(\mathrm{e})}$ よりわずかに大きいと気体は膨張することになる．$p^{(\mathrm{e})}$ が p よりわずかに大きいと気体は圧縮される．一般に，ほとんど平衡を保ちながら物体の状態が変化するとき，これを**準静的過程**という．

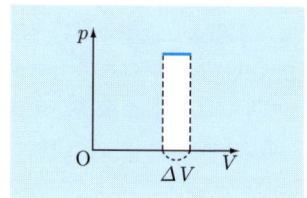
図 3.2 Vp 面上での状態変化

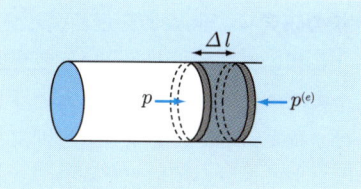
図 3.3 準静的過程

問 題

1.1 1 atm のもと断面積 $5 \times 10^{-3}\,\mathrm{m^2}$ のピストンが熱膨張のためある距離だけ移動したとき，ピストンが外部にした仕事が $25.3\,\mathrm{J}$ であった．ピストンの移動距離を求めよ．

1.2 ある SL の汽車とレールとの間の動摩擦係数を 0.01 とし，この汽車が等速運動しているとき，1 km 進む間に石炭を $28\,\mathrm{kg}$ 消費するものとする．また，石炭 1 g が燃焼するとき $3 \times 10^4\,\mathrm{J}$ の熱量が発生する．汽車の質量は $500\,\mathrm{t}$ として，消費熱量の何 % が力学的な仕事に変換されたかを計算せよ．

3.2 火の歴史

● **火の両面** ● 　火は私たちにとり有り触れた存在である．太古の昔，山火事の火を手に入れたのが多分人間と火との係わりあいの出発点であろう．p.6 のコラム欄で触れたように，火は功罪の両面をもっている．例題 2 には火と関係のある歴史的な事例に触れた．火は熱を伴うが，魚や肉を煮たり焼いたりするように，熱とか温度とかは，昔から日常生活と密接な関係をもっていた．熱が学問的にくわしく研究されるようになったのは，18 世紀に入ってからである．熱に関する学問が熱学であるが，熱に関する考え方を下に簡単に紹介する．熱が蒸気機関やガソリンエンジンを動かすように熱は仕事をする潜在能力をもっている．仕事をし得る能力を一般にエネルギーという．熱はエネルギーの一形態とみなせるが，この点については以下説明していく．

● **マッチとライター** ● 　現在，火を起こすのに，マッチ，ライター，圧電気などを使う．原始人は木片の摩擦熱を利用して火を作っていた．火起こしの道具は現在，各所の遺跡で発見されている．例えば，平安時代の人々は火打ち石を利用し火花を発生させたのであろう．また，火薬の発見はマッチの発明へと導いた．現在簡単に入手できるいわゆる百円ライターは火打ち石の進化したものと考えられる．火薬はまた，鉄砲の発明をもたらしたが，現在の武器も多かれ少なかれ火と関係している．

● **燃焼の研究** ● 　物が燃えると火とか熱が発生する．このような燃焼を科学的に理解しようとしてフロギストンという仮想的な物質が導入された．フロギストン説によれば，金属の中にはフロギストンというものが含まれていて，熱した金属が金属灰になるのはフロギストンが金属から逃げ出したためである．いいかえると，金属とは金属灰にフロギストンが添加したものである．

● **カロリック説** ● 　フランスの化学者ラヴォアジエ（1743-1794）はフロギストン説を発展させ，熱は重さのない流体であり，どんな過程でも増減することはないという説を提唱した．すなわち，ラヴォアジエは火の物質というものを考え，それを**カロリック**と呼んだ．カロリックは日本語では熱素と訳されている．フロギストン説は熱の定性的な説明を与えたが，カロリック説は 2.2 節で述べた熱量保存則をもたらし，熱の定量的な議論を可能にした．通常，化学反応の場合，反応の前後で質量が保存し質量保存則が成り立つ．熱量保存則はこれをカロリックに適用したものとみなすことができよう．カロリーとかカロリックという言葉はラテン語の熱を意味する calor に由来する．ダイエットと関連し，カロリーという用語は知らない人がいないくらい有名である．ラヴォアジエは熱を物質とみなす立場と物質の分子の微小振動と考える立場の両者があることを知っていた．現在では後者の立場が正しいとされている．

3.2 火の歴史

例題 2 ――――――――――――――――――――――― 火の歴史 ―

次の (a)〜(f) は火に関する歴史上の出来事を列記したものである．各項の簡単な説明を加え，これらを古い順に並び替えよ．
(a) 長篠の戦いで織田信長は武田軍に勝利した．
(b) 関東大震災では昼食前に各家庭で火を使っていたため，各所で火事が発生した．
(c) アメリカ第2の都会シカゴの大火で生じた大量の燃えかすが埋められ，その上に自動車道路が建設された．
(d) 原始人は火を利用することにより，文明世界への第一歩をしるした．
(e) 昔から「火事とけんかは江戸の華」といわれるが，火事は江戸，東京に限られるものではなく，例えば静岡の大火は多大の災害をもたらした．
(f) 諸葛孔明の作戦による赤壁の戦いの勝利で三国鼎立の基礎が作られた．

解答 (a) 織田信長は1575年長篠の戦いで3000挺の鉄砲を使い武田の騎馬軍団に快勝した．

(b) 1923年9月1日午前11時58分に関東地方でマグニチュード7.9という大地震が発生した．死者・行方不明者の総計はほぼ10万人と推計されている．

(c) 1871年10月8日の夜9時頃発生した火事は，折からの強風にあおられ，その災害は甚大なものとなった．これは現在シカゴの大火と呼ばれている．

(d) 古過ぎて明確な記録はないが，人類の歴史とともに火の歴史が始まったと思ってよいであろう．

(e) 1940年1月25日に静岡で大火が発生した．延焼時間15時間，焼失戸数510戸，犠牲者は死者2名，負傷者766名という記録が残っている．この大火の中で一家協力し自分の家を守ったという物語が当時の少年雑誌「少年倶楽部」に掲載された．

(f) 三国志とは中国で，後漢滅亡後，魏，呉，蜀の三国が鼎立した時代の歴史を表す．期間として220年魏の建国に始まり，280年晋の統一までを指す．208年の赤壁の戦いで孫権と劉備の連合軍は曹操の兵船や陣営を焼き払い，軍師諸葛孔明の思惑通り三国で中国を支配するという方式が完成した．なお，この時代の「魏志倭人傳」に邪馬台国とか卑弥呼というわが国の古代の状況が記録されている．

以上の記述からわかるように，古い順に (d), (f), (a), (c), (b), (e) となる．

―――――――――――――――― 問 題 ――――――――――――――――

2.1 力学の基礎であるニュートンのプリンキピアが刊行されたのは1687年で300余年前のことである．これに対し18世紀の物理学や化学を支配していたのはカロリック説で，熱学は力学に比べ発展が遅れた．その理由を考えよ．

3.3 熱の仕事当量

● **熱の仕事当量の定義** ● 熱は仕事に変わるし，逆に仕事は熱に変わる．このため，熱と仕事とはまったく別物ではなく，同じものを違った形でみていると考えられる．したがって，ある一定量の熱量 Q はある一定量の仕事 W に対応し，逆にある W はある Q に相当する．両者の間には比例関係が成り立ち

$$W = JQ \tag{3.3}$$

と書ける．上式中の比例定数 J を**熱の仕事当量**という．熱の仕事当量は円とドルあるいは円とユーロの間の為替レートのようなもので，これらの為替レートは日々変動するが J は一定不変な量である．

● **J の数値** ● 熱 ⇄ 仕事 の変換に際して，J の値は一定であることが知られていて，J は

$$J = 4.19 \, \text{J} \cdot \text{cal}^{-1} \tag{3.4}$$

と表される．より正確には，現在，熱の仕事当量を $J = 4.18605 \, \text{J} \cdot \text{cal}^{-1}$ と決めている．(3.3), (3.4) からわかるように，(3.3) で $Q = 1$ とおけば，$1 \, \text{cal} = 4.19 \, \text{J}$ となる．逆に $1 \, \text{J} = (1/J) \, \text{cal} = (1/4.19) \, \text{cal} = 0.24 \, \text{cal}$ と書ける．大ざっぱにいって，1 cal は 1 J のほぼ 4 倍である．

● **ジュールの実験** ● 熱と仕事との関係を求めるため，イギリスの物理学者ジュール (1818-1889) は図 3.4 のような装置を利用した．鉛のおもりが滑車の下にひもで吊り下げられていて，落下する際に箱中の羽根車に連結してある軸を回す．おもりの質量を m，その落下距離を h とすれば mgh だけの力学的な仕事が水に加わったと考えられる．おもりが落下するとそれに伴い羽根車が回転し，測定箱中の水がかき回され，水の

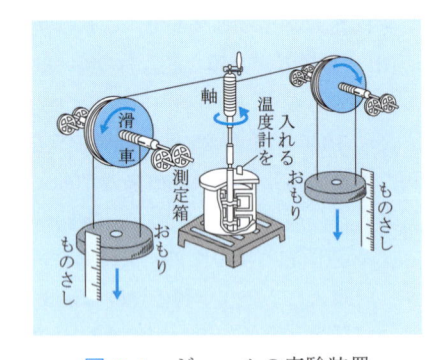

図 3.4 ジュールの実験装置

運動が静かになるにつれて，その温度が上がる．このときの温度上昇と水の質量，器具の熱容量とから，おもりのした仕事と発生した熱量との関係がわかり，熱の仕事当量が求められる．ジュールはこのような実験により，(3.4) にきわめて近い測定値を得た．

● **エネルギーの単位** ● ジュールの功績を記念し，現在，仕事，熱量，エネルギーの国際単位はジュールと決められている．しかし，この単位は残念ながら一般社会に徹底しているわけではない．例えば食品の生じる熱量は kcal で表示されている．

3.3 熱の仕事当量

例題 3 ──────────────────────────────── ジュールの実験 ──

ジュールは 1843～47 年に図 3.4 のような装置を用いた実験結果から，水 1 ポンドを華氏 1 度だけ高めるのに必要な熱量は，772.55 ポンドの物体を 1 フィート上昇させるのに必要な仕事に等しいことを発見した．1 ポンド = 0.454 kg，1 フィート = 0.305 m，1 °F = (5/9) K の関係を使い J の値を求めよ．

[解答] 重力加速度が $g = 9.81\,\text{N}\cdot\text{kg}^{-1}$ であることに注意すると，物体を上げるのに必要な力学的な仕事 W は

$$W = 772.55 \times 0.454 \times 9.81 \times 0.305\,\text{J} = 1049\,\text{J}$$

で与えられる．また，必要な熱量 Q は

$$Q = 0.454 \times 10^3 \times \frac{5}{9}\,\text{cal} = 252.2\,\text{cal}$$

となる．$W = JQ$ からジュールの求めた J は $J = 4.16\,\text{J}\cdot\text{cal}^{-1}$ と計算される．

問題

3.1 質量 60 kg の人が 2 m だけとび上がったとする．次の問に答えよ．
  (a) 人のした仕事を熱量に換算すると何 cal になるか．
  (b) それだけの熱量を水 300 g に加えると，水の温度は何 K 上がるか．

3.2 質量 5 g の鉄でできた小物体を，水平面と 60° の角をなす斜面上で，斜面に沿い 2 m だけ落下させた．ただし，小物体の回転は起こらないとする．鉄の比熱を 0.11 cal·g^{-1}·K^{-1}，熱の仕事当量を 4.19 J·cal^{-1}，小物体と斜面との間の動摩擦係数を 0.10 として，次の問に答えよ．
  (a) 力学的エネルギーの損失はすべて熱に変わるとすれば，発生する摩擦熱は何 cal か．
  (b) (a) で求めた摩擦熱が全部小物体に加わったとすれば，小物体の温度は何 K 上がるか．

3.3 あるレストランのランチメニューで牛肉のオイスターソースとごぼうのコロッケのカロリー表示は 554 kcal と記載されている．1 kcal = 10^3 cal の関係に注意し，次の問に答えよ．
  (a) このランチの熱量は何 J の仕事に相当するか．
  (b) 質量 60 kg の人が (a) の熱量をすべて消費したとすれば，この人は鉛直上方に何 m 登れるか．

3.4 秒速 3 m/s の等速でジョギングをする質量 60 kg の人がいる．この人と道路との間の動摩擦係数を 0.5 とする．ジョギングで 300 kcal 消費するための所要時間を求めよ．

3.4 状態方程式

● **1相の物体** 1相の物体を考える．すなわち，固相，液相，気相のどれかの相をとる一定量の物体があり，その物体は一様と仮定する．このような物体の状態量として圧力 p，体積 V，絶対温度 T を考えよう（簡単のため，絶対温度を単に温度という場合が多い）．実験の結果によると，これら3つの量は互いに独立ではなく，その内の2つを決めると，残りの1つは決まってしまう．すなわち，p.19 の例題 4 でも触れたように独立な変数は2個である．例えば図 2.6 の状態図では独立変数として T, p をとっている．また，独立変数として T, V を選ぶと，p はその関数として表される．この関数関係を

$$p = p(T, V) \tag{3.5}$$

と書くことにする．一般に，状態量の間に成立する方程式を**状態方程式**という．

● **理想気体** 気体は多数の気体分子から構成されるが，気体分子の間には一般にある種の力が働く．この力を**分子間力**という．分子間力を無視した理想的な気体を想定し，それを**理想気体**という．理想気体は一般の気体の状態を扱うときの出発点となる．気体の分子量を M，気体の質量を m とすれば，考える気体のモル数 n は

$$n = \frac{m}{M} \tag{3.6}$$

で定義される．後で示すように，気体運動論や統計力学によると，n モルの理想気体の状態方程式は次式で与えられる．

$$pV = nRT \tag{3.7}$$

上式で R は気体の種類に無関係な定数で，これを**気体定数**という．その数値は

$$R = 8.31\,\mathrm{J\cdot mol^{-1}\cdot K^{-1}} \tag{3.8}$$

と計算される（例題 4）．cal 単位では $R = 1.98\,\mathrm{cal\cdot mol^{-1}\cdot K^{-1}}$ と書ける．

● **ボイルの法則とボイル-シャルルの法則** (3.7) で $T = $ 一定 だと $pV = $ 一定 となり，これを**ボイルの法則**という．また，(3.7) から一般に次の**ボイル-シャルルの法則**が成立する．

$$pV \propto T \tag{3.9}$$

● **液体，固体の状態方程式** 液体や固体は気体にくらべ，圧縮しにくい．理想気体の等温圧縮率 κ_T は問題 4.2 で学ぶように $\kappa_T = 1/p$ と書け，1気圧で $\kappa_T \simeq 10^{-5}\,\mathrm{Pa^{-1}}$ となる．これに対し水では $\kappa_T \simeq 10^{-10}\,\mathrm{Pa^{-1}}$，鉄では $\kappa_T \simeq 10^{-11}\,\mathrm{Pa^{-1}}$ と表されるので，大ざっぱにいって液体は気体の 10^5 倍，固体は気体の 10^6 倍程度圧縮しにくいことがわかる．したがって，液体，固体の体積はほぼ一定であると考えてよい．

3.4 状態方程式

- **p と T, V の関係**　一定量の物体は状態量の値により，気相，液相，固相のいずれかの状態をとる［物質の三態，例題 4（p.19）参照］．一般に圧力 p を温度 T，体積 V の関数として図示したもの，すなわち (3.5) を図 3.5 に示す．この図を V 軸の方向から眺め，気相，液相，固相の別を表したのが図 2.6（p.19）の状態図である．この図で気＋液，気＋固，液＋固 と書いた領域はそれぞれの相が共存することを意味する．

- **等温線**　T の値を固定すると (3.5) は p と V との間の関数関係を与える．これは図 3.5 で $T =$ 一定 の平面と (3.5) を表す曲面との交線を記述する．一定値の値を変えると，それに伴い多数の曲線が描かれる．これらの曲線は等温変化を表すので**等温線**と呼ばれる．理想気体の場合，(3.7) で $T =$ 一定 とすれば，$pV =$ 一定 のボイルの法則となり，等温線は双曲線となる．一定量の気体をシリンダー中に封入し，ピストンで外部から圧力 p を及ぼすとする（図 3.3 参照，ただし，準静的過程を想定し外部圧力と気体の圧力は同じとする）．温度が十分高いと体系は理想気体として記述され，圧力を大きくし体系の体積を小さくしても，体系は気体のままである．

- **臨界点**　物質にはその物質固有の**臨界温度** T_c が存在し，$T > T_c$ だとどんなに気体を圧縮しても，気体は液体にならない．$T < T_c$ の場合，例えば図 3.6 で点 P を通る等温線をとり，点 P から出発し気体を圧縮したとき，状態が点 Q に達すると気体の一部が液体に変わる．この現象を**凝縮**という．さらに，圧縮を続けると圧力はほぼ一定のまま液体の部分が増加し，点 R に達するとすべてが液体となる．点 Q と点 R の間では気体と液体とが共存する（**2 相共存**）．気相−液相の共存領域の最上端の点を**臨界点**といい，図 3.5, 3.6 では C の記号で表す．点 R の状態をさらに圧縮すると R → S という経路をたどり点 S で一部は固体となり，S, T の間で液相，固相が共存する．点 T ですべてが固体となり，固体は圧縮されにくいので，等温線は点 T からほぼ垂直方向に上方に向かう．同様に，気相，固相の 2 相共存を論じることができる（問題 5.3）．

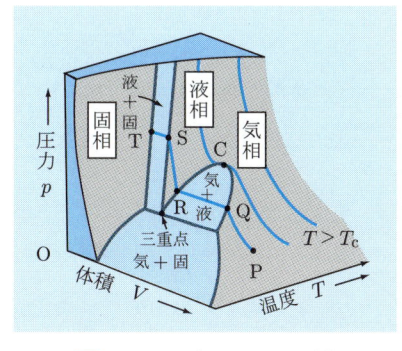

図 3.5　p と T, V の関係

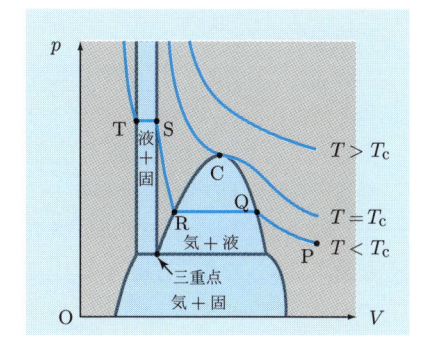

図 3.6　等温線

例題 4 — 気体定数

すべての気体 1 モルは標準状態（1 atm, 0 °C）で 22.4 l の体積を占めることが知られている．この事実を利用して気体定数を計算せよ．

解答 $1\,\text{atm} = 1.013 \times 10^5\,\text{Pa}$, $0\,°\text{C} = 273\,\text{K}$, $n=1$, $V = 22.4 \times 10^{-3}\,\text{m}^3$ といった数値を (3.7) に代入すると，R は

$$R = \frac{1.013 \times 10^5 \times 22.4 \times 10^{-3}}{273}\,\text{J}\cdot\text{mol}^{-1}\cdot\text{K}^{-1} = 8.31\,\text{J}\cdot\text{mol}^{-1}\cdot\text{K}^{-1}$$

と計算される．あるいは cal 単位に換算すると次のように表される．

$$R = (8.31/4.19)\,\text{cal}\cdot\text{mol}^{-1}\cdot\text{K}^{-1} = 1.98\,\text{cal}\cdot\text{mol}^{-1}\cdot\text{K}^{-1}$$

問題

4.1 1 g の空気は 27 °C, 1.5 atm のときどれだけの体積を占めるか．また，この体積は一辺の長さが何 cm の立方体に相当するか．空気は窒素と酸素の混合物で，1 モルの空気は 4/5 モルの窒素気体と 1/5 モルの酸素気体から構成されるものとする．また，酸素気体の分子量は 32 g，窒素気体の分子量は 28 g である．

4.2 等温圧縮率 κ_T は問題 4.1（p.19）で学んだように

$$\kappa_T = -\frac{1}{V}\left(\frac{\partial V}{\partial p}\right)_T$$

と表される．理想気体の κ_T を求めよ．

4.3 一定量の気体を考え，次の問に答えよ．

(a) 体積を一定にしておき，0 °C から 100 °C まで加熱すると圧力は何倍になるか．

(b) 100 °C で体積を何倍にすると，圧力は 0 °C のときと等しくなるか．

4.4 次の文中の ☐ 内にあてはまる数値を求めよ．

図 3.7 に示すように，等しい体積 V の 2 個の容器 A, B を細い管でつないだ装置がある．最初 27 °C, 1 気圧の空気を入れ，B の温度をそのままにして，A の温度を 87 °C にする．空気の移動が止まった後，容器 A と B との中にある空気のモル数の比は (1) ☐ であり，容器 A の中の空気の圧力は (2) ☐ 気圧である．ただし，容器の熱膨張は考えないとし，管の体積は無視してよいとする．

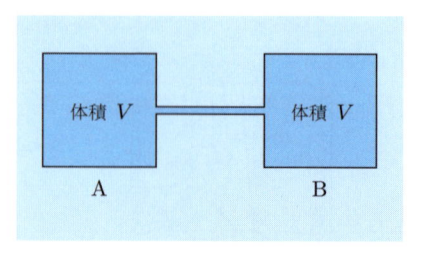

図 3.7　体積の等しい 2 個の容器

3.4 状態方程式　　　　　　　　　　　　31

例題 5 ──────────────────────────── **等積線** ─

一定量の一様な物体の体積 V を一定に保つとき，p は T の関数として表される．V の一定値を変えると，Tp 面で多数の曲線が得られ，これを**等積線**という．理想気体の等積線を求め，一般に，気相-液相の境界線の近くでの等積線の挙動を論じよ．

[解答]　n モルの理想気体の状態方程式は $p = (nR/V)T$ と書ける．したがって，等積線は原点を通る直線となり，その勾配は V に反比例する．図 3.8 のように温度 T における等温線をとったとき，点 Q で凝縮が始まり，点 R ですべてが液体になるとする．区間 QR は気相-液相の 2 相共存の領域に属する．点 Q, R は状態図を表す Tp 面では図 3.9 のように同じ点となる．Q, R に対する V の値をそれぞれ V_Q, V_R とすれば，$V_Q > V_R$ で臨界点を除き両者は違う．例えば $V = V_Q$ の条件は図のように点 Q を通る点線で書ける．ここで $\Delta T > 0$ とし $T + \Delta T$ での等温線と 2 相共存の領域との交点を図のように Q′, R′ とし，また $V = V_Q$ の点線との交点を X とする．点 X での圧力は点 Q での圧力より大，点 Q′ での圧力より小である．よって気相における等積線は図 3.9 のようになり，同様に液相での等積線が求まる．

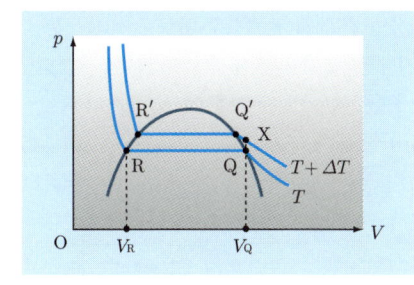

図 3.8　気相-液相の 2 相共存　　　図 3.9　状態図と等積線

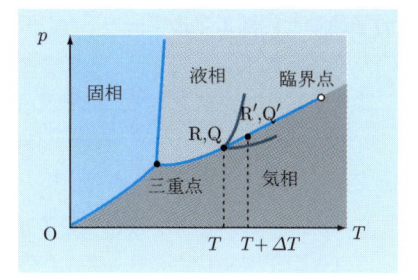

問題

5.1 液相-固相の境界線近傍の等積線はどのように振る舞うか．

5.2 一般に，1 モルの気体に対し
$$K = \frac{RT_c}{p_c V_c}$$
の K を**カマリング・オネス定数**という．添字 c は臨界点での値である．CO_2 では $T_c = 304.3\,\mathrm{K}$, $p_c = 73.0\,\mathrm{atm}$, $V_c = 95.7\,\mathrm{cm}^3 \cdot \mathrm{mol}^{-1}$ とデータが得られている．K を求め，理想気体の場合と比較し，その物理的な意味を考えよ．

5.3 三重点より低温だと 気相 ⇄ 固相 へと転移が可能で，これを**昇華**という．状態図を基に昇華が起こり得ることを示し，このときの等温線について述べよ．

4 熱力学第一法則

4.1 内部エネルギー

● **状態変化の原因** ● 物体の微視的な構造に立ち入らず，その熱的な性質を研究する学問分野を**熱力学**という．熱力学は物体の示す現象だけに注目するため，しばしば**現象論**とも呼ばれる．熱力学で扱う体系の状態変化の原因として次の3つの作用がある．

① **力学的作用** 体系を圧縮または膨張させ，体系に仕事を加えたり，あるいは体系に仕事をさせること．

② **熱的作用** 体系に熱を加えたり，逆に体系から熱を奪うこと．

③ **質量的作用** 物質を添加したり，物質をとり去ったりすること．

質量的作用は特に化学反応などを扱うとき重要であるが，議論が高度になるので，本書では詳しい話には立ち入らず，主として前者の2つの作用について考慮する．

● **分子運動と内部エネルギー** ● 容器に入れた気体は微視的な立場からみると莫大な数の分子から構成されている．1モルの気体中に含まれる気体分子の数は，気体の種類とは無関係な一定値をもち，これを**モル分子数**という．その数値 N_A は

$$N_A = 6.022 \times 10^{23} \text{ mol}^{-1} \tag{4.1}$$

と表される．これらの分子は容器の内部で縦横無尽に運動しているが，このような運動を**分子運動**という．分子運動の概念図を図 4.1 に示す．第 6 章で分子運動の詳しい話を扱う．モル分子数を**アボガドロ数**ともいう．分子運動に伴い，気体はある種のエネルギーをもつと考えられる．一般に，物体の内部に蓄えられているエネルギーを**内部エネルギー**という．熱力学の立場では，内部エネルギー U は状態量で，体系の温度 T，体積 V の関数である．ただし，U の関数型が実験で決められるとする．その具体的な形を理論的に決めるには統計力学の知識が必要になる．

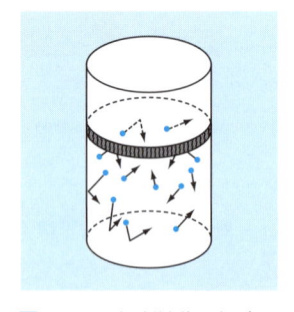

図 4.1 分子運動の概念図

● **食品の化学エネルギー** ● 問題 1.4 (p.13) で学んだように食べ物は熱量をもつが，これは食べ物が化学エネルギーをもつためで，それは体内で体温を保持するとか，手足を動かすためのエネルギーに変えられる．食品の化学エネルギーは生物を熱力学的な対象とみなした場合の内部エネルギーとなる．

4.1 内部エネルギー

例題 1 ──────────────── 内部エネルギーの変化 ──

1相の物体を考え，その物体は一様とする．物体の内部エネルギー U は温度 T，体積 V の関数と書けるが，これを $U = U(T, V)$ と表したとし，以下の問に答えよ．
(a) T, V を微小変化させ，これらを $T + \Delta T, V + \Delta V$ とする．これに伴う U の変化分を ΔU とする．$\Delta T, \Delta V$ の 1 次の範囲内で ΔU を求めよ．
(b) (a) の結果を利用し，次の等式を導け．
$$\left(\frac{\partial V}{\partial T}\right)_U = -\frac{(\partial U/\partial T)_V}{(\partial U/\partial V)_T}, \quad \left(\frac{\partial T}{\partial V}\right)_U = -\frac{(\partial U/\partial V)_T}{(\partial U/\partial T)_V}$$

[解答] (a) テイラー展開を利用し $\Delta T, \Delta V$ の項まで考慮すると
$$\Delta U = U(T + \Delta T, V + \Delta V) - U(T, V) = \left(\frac{\partial U}{\partial T}\right)_V \Delta T + \left(\frac{\partial U}{\partial V}\right)_T \Delta V$$
が成立する．ふつうは上式を
$$dU = \left(\frac{\partial U}{\partial T}\right)_V dT + \left(\frac{\partial U}{\partial V}\right)_T dV$$
と書き，dU を全微分と称する．例題 4 (p.19) (1) はそのような一例である．
(b) $U = $ 一定 とおけば
$$0 = \left(\frac{\partial U}{\partial T}\right)_V dT + \left(\frac{\partial U}{\partial V}\right)_T dV$$
となる．上式から dV/dT あるいは dT/dV を求め偏微分の記号を使えば与式が導かれる．

[参考] **示量性と示強性** 状態量には大別して次の 2 種類がある．まったく同じ物体が 2 つあるとし，この 2 つを接合して 1 つの物体とみなす．この場合，体積，熱容量などの物理量はもとの 2 倍になるが，圧力，温度などは変わらない．一般に，体系の体積を x 倍にしたとき x 倍になるような状態量を**示量性**，変わらないような状態量を**示強性**という．内部エネルギーは示量性の状態量である．

〜〜〜 **問　題** 〜〜〜〜〜〜〜〜〜〜〜〜〜〜〜〜〜〜〜〜〜〜〜〜〜〜〜〜〜〜

1.1 U を T, p の関数とみなすとき dU はどのように表されるか．
1.2 U を V, p の関数とみなすとき dU はどのように表されるか．
1.3 状態図でみられるように，1 つの物体の状態は T, p で指定され，各相の境界線上で 2 相が共存する．相 A, B が共存し，相 A, 相 B の質量を m_A, m_B とする．相 A, 相 B の単位質量当たりの内部エネルギーを $u_A(T, p), u_B(T, p)$ と書く．内部エネルギーが示量性の状態量であることに注目して，系全体の内部エネルギー $U(T, p)$ を求めよ．

4.2 熱力学第一法則

• **内部エネルギーの増加分** • 力学の問題では，運動する物体に仕事が加わると，その分だけ運動エネルギーが増加する．熱は力学的な仕事と等価であるから，仕事 W，熱量 Q が同時に静止している物体に加わると，物体の内部エネルギーは $W+Q$ だけ増加すると考えられる．これを**熱力学第一法則**という．この法則は一般的なエネルギー保存則の一種であるとみなされる．すなわち，エネルギーとして力学的な仕事，熱を考慮したときのエネルギー保存則が熱力学第一法則である．図 4.2 のように，物体に外部から仕事 W，熱量 Q が加わり，物体が状態 A から状態 B へ変化したとき

$$U_B - U_A = W + Q \tag{4.2}$$

の関係が成り立つ．ただし，U_A, U_B はそれぞれ状態 A, B における物体の内部エネルギーである．

• **W, Q の符号** • (4.2) の W, Q は符号をもつ点に注意しなければならない．物体に加わる向きを正としたので，物体が外部に対して仕事をするときには $W < 0$ である．同様に，物体が熱を放出する（物体から熱を奪う）ときには $Q < 0$ となる．以下，図中で熱の流れる向きを矢印で表すが，熱がその向きに流れるとき Q はプラスであるとする．

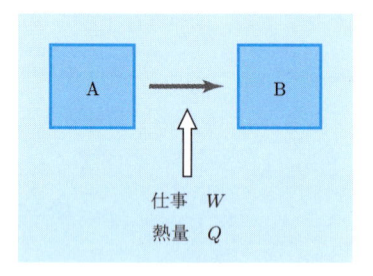

図 4.2　熱力学第一法則

• **微小変化に対する第一法則** • (4.2) で状態 B が状態 A に限りなく近づくと，同式の左辺は U の全微分 dU と表される．これに対し，右辺の W や Q は状態量ではないから，これらを微分で書くことはできない．しかし，微小変化では，物体に加えられる仕事や熱量が微小量であることは確かなので，これらを $d'W, d'Q$ とすれば，微小変化に対する熱力学第一法則は

$$dU = d'W + d'Q \tag{4.3}$$

と書ける．(3.2) (p.22) で述べたように，気体の体積が ΔV だけ増加したとき準静的過程で気体が外部に対して行う仕事は $p\Delta V$ と書ける．あるいは，外部から系に加えられる仕事を求めるには符号を逆転すればよいので

$$d'W = -pdV \tag{4.4}$$

と表される．(4.4) は気体だけでなく，液体や固体の場合にも成り立つとしてよい（例題 2 参照）．こうして，一般に (4.3) は

$$dU = -pdV + d'Q \tag{4.5}$$

と表される．

4.2 熱力学第一法則

例題 2 ─────────────── $d'W$ に対する一般的な表現 ─

一様な外圧 $p^{(e)}$ のもとで，液体または固体の体積が dV だけ増加したとき，外力のする仕事 $d'W$ は $d'W = -p^{(e)}dV$ で与えられることを示せ．また，準静的過程の場合を考え，(4.4) を導け．

[解答] 液体は一定の形をもたず，これをシリンダー中に入れたとすれば (3.2) (p.22) と同様の議論により $d'W = -p^{(e)}dV$ の関係が成り立つ．p.23 の参考で述べたように，準静的過程では $p^{(e)} = p$ としてよいので (4.4) が導かれる．一方，固体は気体・液体と異なり，一定の形をもつ．そこで，図 4.3 のように，固体の表面上に微小面積 dS を考え，膨張のためこの部分が dl だけ移動したとする．外圧（例えば大気圧）は表面と垂直な向きに働くから，dS 部分に働く外力のする仕事は $-p^{(e)}dSdl$ と書ける．$dSdl$ は図のシリンダーの体積に等しいので，上の仕事を表面全体にわたって加える（積分する）と $d'W = -p^{(e)}dV$ となり，準静的過程とすれば (4.4) が得られる．

問題

2.1 ある物体に 5 J の仕事を加え，それと同時に 3 cal の熱量を奪った．この作用による物体の内部エネルギーの変化を求めよ．

2.2 Vp 面で状態変化が図 4.4 のような曲線が与えられるとする．このとき，体系の体積が V_A から V_B まで膨張する間に体系のする仕事 W_{AB} は

$$W_{AB} = \int_{V_A}^{V_B} pdV$$

と書け，これは図 4.4 中の水色部分の面積に等しいことを示せ．

2.3 単位質量の体系を考えその内部エネルギー，体積をそれぞれ u, v と書く（単位質量当たりの量を小文字で表す）．体積が一定という条件下での比熱，すなわち**定積比熱**を c_v とし，c_v に対する次式を証明せよ．

$$c_v = \left(\frac{\partial u}{\partial T}\right)_v$$

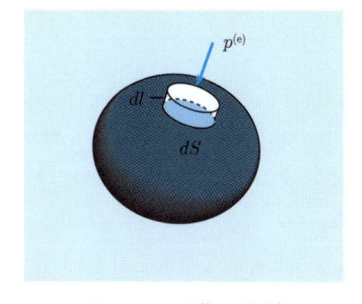

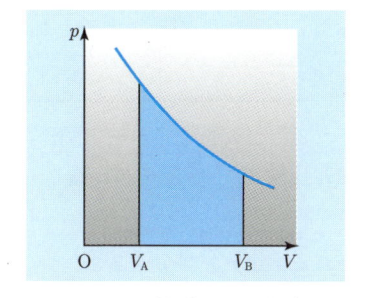

図 4.3　固体の膨張　　　　図 4.4　体系のする仕事

4.3 理想気体の性質

- **理想気体の意義** 実際の気体では気体分子の間に力が働き，その扱いも複雑である．一方，理想気体は数学的な扱いが簡単で，これは物体の熱力学，分子運動，統計力学を扱う際のいわばモデルケースを提供する．そのような立場に立ち，以下，理想気体の熱力学的な性質について論じる．
- **定圧比熱** 体積（圧力）を一定に保つような状態変化を等積（等圧）過程という．等積過程では体積が一定に保たれるため，体系の温度を上げても熱膨張が起こらない．一方，等圧過程では熱膨張が可能で，膨張の際，外部に仕事をする．この仕事分だけよけいに熱を加える必要があり，その結果，定圧比熱は定積比熱より大きくなる．通常，大気圧のもとで測定が行われ大気圧は一定とすれば，実験的に測定される比熱は定圧比熱であると考えられる．
- **理想気体の定積比熱** 理想気体の性質として，内部エネルギーは体積と無関係で，単位質量の体系を考慮すると u は v に依存しない．問題 2.3 により $c_v = (\partial u/\partial T)_v$ と書けるが，以上の性質によりこの偏微分は通常の微分としてよい．このため

$$\frac{du}{dT} = c_v \tag{4.6}$$

となる．さらに理想気体では c_v は定数である．以上述べた理想気体の性質は分子運動論や統計力学を使うと理想気体の定義から導けるが，この点は後の章で論じるとし，さしあたり熱力学の立場に立ち上述の性質を認めよう．なお，(4.6) を積分し u が求まる（例題 3）．

- **理想気体の定圧比熱と定積比熱** (4.6) から $du = c_v dT$ と書けるが，これを第一法則 (4.5) に代入すれば，単位質量の系に注目し

$$c_v dT = -pdv + d'q \tag{4.7}$$

となる．単位質量の場合，理想気体の状態方程式は $pv = RT/M$ と書ける．圧力が一定だと $pdv = RdT/M$ で，これを (4.7) に代入し $c_v dT = -RdT/M + d'q$ が得られる．定圧比熱 c_p は $c_p = d'q/dT$ と表されるから

$$c_p - c_v = \frac{R}{M} \tag{4.8}$$

が導かれる．これを**マイヤーの関係**という．1 モルの物質の熱容量を**モル比熱**という．定積モル比熱 C_V，定圧モル比熱 C_p はそれぞれ $C_V = Mc_v$, $C_p = Mc_p$ と書けるので

$$C_p - C_V = R \tag{4.9}$$

が得られる．上式には分子量 M といった気体に固有な物理量が含まれない．

4.3 理想気体の性質

━━ 例題 3 ━━━━━━━━━━━━━━━━━━━━━ 理想気体の内部エネルギー ━━

理想気体の c_v は温度によらない定数とする．$T=0$ で $u=0$ として u を T の関数として求めよ．

[解答] (4.6) を T に関し積分すると $u = c_v T + u_0$ が得られる（u_0 は定数）．$T=0$ で $u=0$ とすれば $u_0 = 0$ と書け，u は次のようになる．

$$u = c_v T$$

[参考] 比熱比 (4.8) で，M も R も正の量であるから，$c_p > c_v$ であることがわかる．この不等式の物理的な意味については左ページで述べたように，等圧の場合には熱膨張の分だけエネルギーが余計に必要なためである．ところで，以下の式

$$\gamma = \frac{c_p}{c_v}$$

の γ を**比熱比**という．上述の結果から $\gamma > 1$ の関係が成り立つ．He, Ne などの単原子分子の気体の γ は気体の種類に無関係でほぼ 1.6 程度，一方，H_2, O_2 の 2 原子分子の場合には γ はほぼ 1.4 程度の値をとる．一般にある体系の運動状態を決めるのに必要な変数の数をその体系の**運動の自由度**といい，通常 f の記号でこれを表す．単原子分子では 1 個の粒子の位置を決めればよいので $f=3$，2 原子分子では原子間の距離は一定で $f=5$ となる．第 6 章で学ぶように，分子運動論により γ と f の関係が理解できる．γ は次節で述べる断熱変化の場合に重要な役割を演じる．

問題

3.1 He 気体の定積モル比熱は $12.65\,\mathrm{J\cdot mol^{-1}\cdot K^{-1}}$ と測定されている．He 気体の分子量を 4 g としてその定積比熱を求めよ．

3.2 H_2 気体の標準状態（1 atm, 0°C）での C_p, C_V の測定値は
$$C_p = 28.79\,\mathrm{J\cdot mol^{-1}\cdot K^{-1}}, \quad C_V = 20.11\,\mathrm{J\cdot mol^{-1}\cdot K^{-1}}$$
である．(4.9) の関係がどの程度の精度で成り立っているか．

3.3 $6\,\mathrm{m} \times 6\,\mathrm{m} \times 2.5\,\mathrm{m}$ の部屋の空気を出力 2 kW のエアコンで暖め温度を 5 K だけ上昇させるとして以下の問に答えよ．ただし，空気の密度を $1.20\,\mathrm{kg\cdot m^{-3}}$，空気 1 モルの質量を 28.8 g，空気の定積モル比熱を $20.7\,\mathrm{J\cdot mol^{-1}\cdot K^{-1}}$ とする．

(a) 温度上昇に必要なエネルギーは何 J か．

(b) エアコンの生じるエネルギーがすべて空気の温度上昇に使われるとして所要時間を求めよ．

3.4 プロパンの燃焼熱を利用して問題 3.3 と同じ温度上昇を実現したい．1 g のプロパンが燃焼するとき 50.5 kJ の熱量が発生するとし，温度上昇に必要なプロパンは何 g かを求めよ．

4.4 断熱変化

● 断熱変化の定義 ● 外部と熱の出入りがないような状態を**断熱変化**あるいは**断熱過程**という．断熱変化では (4.5) で $d'Q = 0$ とおき，一般に

$$dU = -pdV \tag{4.10}$$

が成り立つ．上の方程式を解けば断熱変化を表す状態変化が求まる．

● 単位質量の理想気体の断熱変化 ● 単位質量の理想気体の場合，(4.7) で $d'q = 0$ とおけば (4.10) に相当して

$$c_v dT + pdv = 0 \tag{4.11}$$

が得られる．単位質量に対する状態方程式 $pv = RT/M$ を代入し少々整理すると

$$c_v \frac{dT}{T} + \frac{R}{M}\frac{dv}{v} = 0 \tag{4.12}$$

となる．上式を積分し (4.8) を利用して，比熱比 γ を使うと，次の関係が導かれる．

$$\ln T + (\gamma - 1) \ln v = (\text{定数}) \tag{4.13}$$

(4.13) から，断熱変化の場合

$$Tv^{\gamma-1} = \text{一定} \tag{4.14}$$

であることがわかる．

● 任意質量の理想気体の断熱変化 ● 質量 m の場合，その体積 V は $V = mv$ と書ける．したがって，この式を (4.14) に代入すると

$$TV^{\gamma-1} = \text{一定} \tag{4.15}$$

が得られる．$\gamma - 1 > 0$ であるので，(4.15) から V を小さくすれば T は大きくなり，逆に V を大きくすれば T は小さくなることがわかる．すなわち，一定量の理想気体を**断熱圧縮**すると温度が上がり，逆に**断熱膨張**させると温度が下がる．前者の性質はディーゼルエンジンに使われる．また，後者の性質は電気冷蔵庫やエアコンのように，低温を実現させるために利用されている．

● p と V との関係 ● 一定量の理想気体では，状態方程式により $T \propto pV$ が成り立つので，これを (4.15) に代入すると次の関係が導かれる．

$$pV^\gamma = \text{一定} \tag{4.16}$$

● 等温線と断熱線 ● Vp 面上で等温変化を表す曲線は p.29 で述べたように等温線と呼ばれる．同様に，Vp 面上で断熱変化を記述する曲線を**断熱線**という．理想気体の場合，図 4.5 に示すように，Vp 面上のある一点を通る断熱線は等温線より急勾配である（例題 1）．この性質は，理想気体に限らず一般の体系の場合にも成立するが，それについては 5.5 節で述べる．

4.4 断熱変化

── 例題 4 ──────────────────────── 等温線と断熱線 ──

理想気体の場合，断熱線は等温線より急勾配であることを示せ．

[解答] 等温変化では $pV = $ 一定 であるから，これを微分し $pdV + Vdp = 0$ となる．すなわち

$$\left(\frac{\partial p}{\partial V}\right)_T = -\frac{p}{V}$$

である．一方，断熱変化では (4.16) の自然対数をとりそれを微分すると $(dp/p) + \gamma(dV/V) = 0$ が得られる．すなわち

$$\left(\frac{\partial p}{\partial V}\right)_{\mathrm{ad}} = -\gamma\frac{p}{V}$$

が得られる．$\gamma > 1$ であるから，上の両式により断熱線は等温線より急勾配となる．ちなみに，ad は adiabatic（断熱的）の略である．

問 題

4.1 木炭の発火点を $400\,°\mathrm{C}$（673 K）とする．空気を理想気体とみなし，最初 1 気圧，300 K の空気を断熱圧縮して木炭を発火させる．空気の体積を何倍にすればよいか．また，圧縮後の空気の圧力を求めよ．ただし，空気の比熱比を 1.4 とする．

4.2 状態 A（体積 V_A，圧力 p_A，温度 T_A）にある n モルの理想気体を状態 B（体積 V_B，圧力 p_B，温度 T_B）に断熱変化させたとき，気体のした仕事 W_AB を求めよ．

断熱変化と入道雲

夏の暑い日に図 4.6 に示すような入道雲（積乱雲）がよくみられるが，これは断熱変化の一例である．強い太陽の直射をうけて温度の上がった空気は軽くなって，上昇して行き，上昇気流を構成する．上空になればなるほど，気圧は低いため，空気は膨張する．大量の空気が急に膨張すると熱の出入りする暇がなく，近似的にこの変化は断熱膨張とみなせるので空気の温度が下がる．空気中には水蒸気が含まれていて，温度が下がると，水蒸気は液化して水滴となり，これが雲として観測される．

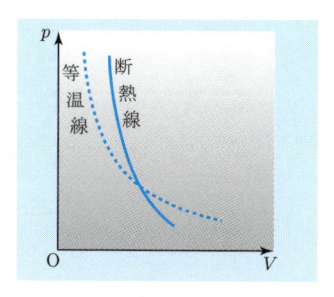

図 4.5　等温線と断熱線

図 4.6　入道雲

4.5 サイクル

●**サイクル**● 一般に，ある1つの状態から出発して，再びその状態に戻るような一回りの状態変化を**サイクル**という．サイクルの場合，(4.2) で $U_B = U_A$ とおき
$$W + Q = 0 \tag{4.17}$$
が成り立つ．これから $-W = Q$ となる．すなわち，体系が外部にした仕事と吸収した熱量は等しい．あるいは，符号を逆転し $W = -Q$ と書くと，体系に外部から加えられた仕事と放出した熱量は等しい，ともいえる．熱機関はサイクルの性質を利用して，熱を仕事に変換する．熱機関に利用される物質を**作業物質**という．蒸気機関，ガソリン機関の作業物質はそれぞれ蒸気，ガソリンである．

●**サイクルと仕事**● サイクルでは，ある状態から出発し再び同じ状態に戻るから，作業物質の状態変化は Vp 面で図 4.7 のような閉曲線となる．ここで矢印は変化の進む向きを表す．サイクルで作業物質のする仕事を考えると，図 4.7 で C_1 に沿い A から B まで変わるまで外部にした仕事は $A'AC_1BB'$ に囲まれた面積に等しい．一方，C_2 に沿い B から A まで変化する間の仕事は，$A'AC_2BB'$ に囲まれた面積に負の符号をつけたものである．このため A から A へ戻る間（1サイクルの間）に作業物質のする仕事は閉曲線内の面積に等しくなる．

●**サイクルの向きと仕事の正負**● 図 4.7 のように矢印が時計回りの場合には (4.17) で $-W = Q > 0$ である．すなわち，作業物質に加えられた熱量の分だけ作業物質は外部に対し仕事をする［図 4.8(a)］．これは熱を仕事に変えるような熱機関の原理である．図 4.7 の矢印を逆向き（反時計回り）にすると，上に述べたのと逆なことが起こる．すなわち，作業物質のする仕事は，閉曲線内の面積に負の符号をつけたものとなり，$W = -Q > 0$ が成り立つ．したがって，外部から加わった仕事に等しいだけの熱量が作業物質から奪われる［図 4.8(b)］．これは冷凍機（電気冷蔵庫やエアコンなど）の原理である．

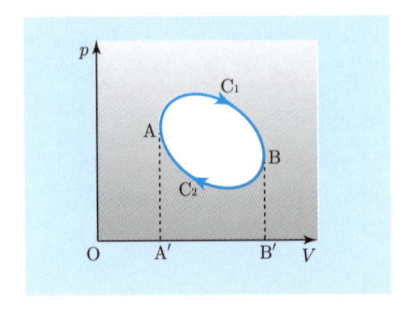

図 4.7　サイクル

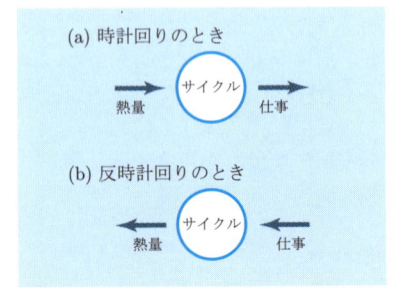

図 4.8　サイクルの向き

4.5 サイクル

- **カルノーサイクル** フランスの物理学者カルノー（1796–1832）は理想気体を作業物質とする理想的な熱機関を導入した．いま，n モルの理想気体を摩擦のないシリンダー中に封入したとし，Vp 面上で図 4.9 に示すような準静的な状態変化をさせたとする．$1 \to 2$ の間は，気体は温度 T_1 の高温熱源と接触しながら等温膨張する．状態 2 に達したところで，気体を高温熱源から引き離し断熱膨張させる．その結果，気体の温度は下がるが，温度 T_2 になったところ（状態 3）から，今度は温度 T_2 の低温熱源と接触させながら気体を等温圧縮し $3 \to 4$ と変化させる．最後に $4 \to 1$ と断熱圧縮して気体をもとの状態に戻す．このような 1 サイクル $1 \to 2 \to 3 \to 4 \to 1$ を**カルノーサイクル**という．断熱線は等温線より急勾配でカルノーサイクルは図 4.9 で示したような形をもつ．

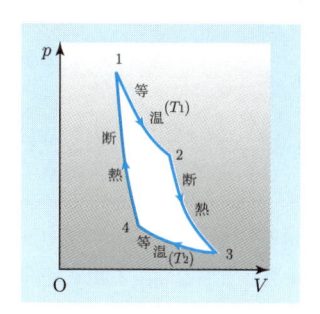

図 4.9　カルノーサイクル

- **カルノーサイクルのする仕事** 図 4.9 の矢印は時計回りであるから，図 4.8(a) に相当し 1 サイクルの後，カルノーサイクルは外部に仕事をする．例えば，状態 1 における気体の体積を V_1 と表すことにし同様の記号を用いると，1 サイクルの間に気体が受け取った仕事 W は

$$W = -nR(T_1 - T_2) \ln \frac{V_2}{V_1} \tag{4.18}$$

と表される（例題 5）．$T_1 > T_2$, $V_2 > V_1$ なので $W < 0$ で 1 サイクルの間に気体は外部に対し仕事を行う．

- **クラウジウスの式** カルノーサイクルにおいて高温熱源（温度 T_1）R_1 から吸収した熱量を Q_1，低温熱源（温度 T_2）R_2 から吸収した熱量を Q_2 とすれば

$$\frac{Q_1}{T_1} + \frac{Q_2}{T_2} = 0 \tag{4.19}$$

の関係が導かれる．これを**クラウジウスの式**という（例題 5）．

- **カルノーサイクルの効率** 実際は Q_2 は負で $Q_2 = -|Q_2|$ と書けるが，1 サイクルの後，$Q_1 - |Q_2|$ だけの仕事を外部にする．このとき，次の η は加わった熱量のどれだけが実際に仕事に変わったかを表す比率でこれを**効率**という．

$$\eta = \frac{Q_1 - |Q_2|}{Q_1} \tag{4.20}$$

例題 5 ──────────────────── カルノーサイクル ──

n モルの理想気体を作業物質とするカルノーサイクルで図 4.9 の各点における温度, 体積が与えられているとする. 気体が高温熱源から受け取った熱量 Q_1, 低温熱源に放出する熱量 $|Q_2|$, 1 サイクルの間に受け取った仕事 W を求め, 次の問に答えよ.

(a) (4.18) を導け.
(b) クラウジウスの式 (4.19) を証明せよ.

[解答] (a) $1 \to 2$ の変化で気体は膨張するので外部に対して仕事をする. その仕事量を $-W_1$ とし, またこの間に体系が吸収する熱量を Q_1 とする. 理想気体の内部エネルギーは体積に依存せず, 温度は一定なので内部エネルギー $U(T_1)$ は変化しない. したがって, (4.2) (p.34) により, $W_1 + Q_1 = 0$, すなわち $Q_1 = -W_1$ が成り立つ. こうして Q_1 は

$$Q_1 = \int_{V_1}^{V_2} p dV = \int_{V_1}^{V_2} \frac{nRT_1}{V} dV = nRT_1 \ln \frac{V_2}{V_1} \tag{1}$$

と計算される. $V_2 > V_1$ であるから $Q_1 > 0$ となる. 同様に, $3 \to 4$ の過程で気体の吸収する熱量 Q_2 は (1) で $T_1 \to T_2$, $V_2 \to V_4$, $V_1 \to V_3$ の置き換えを実行し

$$Q_2 = nRT_2 \ln \frac{V_4}{V_3} \tag{2}$$

と表される. $V_4 < V_3$ であるから $Q_2 < 0$ で, 低温熱源に放出する熱量は (2) の絶対値に等しい. $2 \to 3$, $4 \to 1$ の変化は断熱変化であるから, この変化を記述する (4.15) (p.38) により $T_1 V_2^{\gamma-1} = T_2 V_3^{\gamma-1}$, $T_2 V_4^{\gamma-1} = T_1 V_1^{\gamma-1}$ となる. これから

$$T_1/T_2 = (V_3/V_2)^{\gamma-1} = (V_4/V_1)^{\gamma-1}$$

が得られ, $V_3/V_2 = V_4/V_1$ が導かれる. すなわち

$$\frac{V_2}{V_1} = \frac{V_3}{V_4} \tag{3}$$

となる. サイクルの性質により $W + Q_1 + Q_2 = 0$ が成り立ち (1)〜(3) を用いて (4.18) が導かれる.

(b) (1)〜(3) から (4.19) が証明される.

～～～ **問 題** ～～～～～～～～～～～～～～～～～～

5.1 カルノーサイクルの効率が次式のように表されることを示せ.

$$\eta = \frac{T_1 - T_2}{T_1}$$

5.2 600 K の高温熱源と 300 K の低温熱源との間に働くカルノーサイクルの効率は何 % か.

サディ・カルノー

フランスのサディ・カルノーはフランス革命後に活躍した物理学者であるが，熱学の分野で不朽というべき功績を残した．彼の父親のラザール・カルノーは政治家で，ナポレオンに重用され軍事大臣などを務めた人である．子供の頃のサディはナポレオン夫人に大変可愛がられたという話が残っている．この点について小出昭一郎著「物理学」(三訂版) (裳華房，1997)に次のようなエピソードが紹介されている．「あるとき夫人が，数人の婦人たちと小舟にのって漕いでいるところへナポレオン（当時はまだ第一執政であった）が現れ，ふざけて小石を拾っては舟のまわりに投げはじめた．水しぶきがはねかかり婦人たちが困惑しているのを見ていた小さいカルノーは，こぶしをふりかざしながらあの偉大な英雄に向かって叫んだ．第一執政の畜生！ ご婦人たちをいじめようというのか．予期せぬ攻撃にびっくりしたナポレオンは驚いて子供の方を眺め，それから大きな笑い声を立てたという．」

カルノーはコレラのため若くして亡くなり，その遺品も人に知られることなく埋もれていた．これをとり上げて手を加え，世に紹介したのはフランスの物理学者クラペイロン (1799-1864) である．産業革命は 1760 年代のイギリスに始まり，1830 年代以降，欧州諸国に波及したが，その原動力は蒸気機関であった．如何に好能率の蒸気機関を設計するかという問題は実用的な意味をもっていたが，それと同時に熱学の発展をうながした．カルノーの遺作は「火の動力についての考察」と題され，その英語版が E.Mendoza 編集「Reflections on the Motive Power of Fire」(Peter Smith, 1977) として出版されている．先程のエピソードもこの本の中に紹介がある．著者は数年前からエクセルギーというものに興味をもち，神奈川大学の後藤英一，天野力両氏と共同研究を行ったが，参考資料ということで前記の著書を後藤氏からいただいた．この本の扉ページにはカルノーが 34 歳のときの肖像画がのっている（図 4.10）．

後藤英一氏とは大学時代の同窓生だが，パラメトロンの発明者として有名である．1991 年に東京大学を定年退職となり続いて神奈川大学で教鞭をとったが，持病の糖尿病が悪化し両足を切断した．それでも車椅子で大学に通い，講義をされたと聞いている．2005 年 6 月に残念ながら他界されたが，自他ともに認める電子計算機のパイオニアであるにもからわらず，電子メールなどを設置することはなかった．

図 4.10　サディ・カルノー

5 熱力学第二法則

5.1 可逆過程と不可逆過程

● **可逆と不可逆** ● 物理現象の中には，時間の流れを逆にしても実現可能な現象（**可逆過程**または**可逆変化**）と時間の流れを逆にしたら実現不可能な現象（**不可逆過程**または**不可逆変化**）とがある．摩擦や抵抗が働かない物体の運動は可逆過程で，例えば単振動では時間の流れを逆にしてもまったく同じ運動が観測される．注目する現象をビデオカメラでとり，そのテープを逆転させたとき，この映像が実際に起こり得る現象なら可逆過程，そうでなければ不可逆過程である．

● **熱伝導と摩擦熱** ● 図 5.1 に示すように，熱湯を入れたやかんを洗面器中の水にひたすと湯（高温部）から水（低温部）へと熱が伝わる．このような熱の移動を**熱伝導**という．熱伝導は 高温部 → 低温部 の向きにだけ一方的に起こる不可逆過程である．途中で洗面器に湯を加えるといった人為的な操作を加えない限り，熱は高温部から低温部へと移動し，洗面器の水温は増加する一方である．

図 5.1　熱伝導

また，摩擦のある水平な床上の物体に初速度を与え，運動させると，物体と床との間に摩擦熱が発生する．その結果，物体の運動エネルギーが熱に変わって物体の速さは次第に減少していき，ついには物体は止まってしまう．ところが，静止していた物体が摩擦熱を吸収して動きだしその速さが増すという現象は起こり得ない．このように，摩擦熱の発生は 1 つの不可逆過程である．摩擦熱がそのまま全部力学的エネルギーになるとしたら，上記の逆向きの現象は別にエネルギー保存則とは矛盾しない．これからわかるように，熱力学第一法則だけでは変化の向きを指定することはできない．その向きに方向を決める法則が**熱力学第二法則**である．

● **可逆，不可逆の正確な定義** ● 体系を状態 1 から状態 2 へ変化させたとき，この変化は，例えば，Vp 面上の 1 つの経路で表される．体系が状態 2 に達したとき，一般には注目する体系の外部になんらかの変化が生じている．経路を逆転させ同じ経路を逆向きにたどって，体系が $2 \to 1$ と変化しもとの状態に戻ったとき，外部の変化が帳消しになれば，$1 \to 2$ の変化は可逆過程である．これに反し，$2 \to 1$ のいかなる経路をとっても，外部に必ず変化が残れば，$1 \to 2$ の変化は不可逆過程であると定義する．

5.1 可逆過程と不可逆過程

例題 1 ─────────────────── 可逆過程と不可逆過程 ─

次の現象は可逆か，不可逆か．
(a) 水が蒸発する現象
(b) 水中でのインクの拡散
(c) 摩擦などが働かない落体の運動

[解答] (a) 可逆：水を熱すると，水蒸気になるが，水蒸気を冷やすと水になる．
(b) 不可逆：水中に広がったインクが自然に集まりもとの一滴になることはない．
(c) 可逆：力学の法則は元来，可逆である．

問　題

1.1 電気抵抗のある導線に電流を流したとき熱が発生する．この熱を**ジュール熱**という．ジュール熱の発生は不可逆現象であることを示せ．

1.2 熱伝導現象や摩擦熱の発生のような不可逆過程は熱力学第一法則と矛盾しないことを説明せよ．

ビデオの威力

　著者と動画との付き合いは古い．子供の頃，買ってもらった玩具の映写機には1936年にベルリンで開かれたオリンピックの1場面が収録されていた．1959年に渡米するときには8mmのムービーカメラを持参した．この頃のフィルムはダブルと呼ばれ，ちょうど半分使ったとき，フィルムのリールを裏返しにするというタイプであった．1960年後半から1970年代になるとシングル8というフィルムが出回り「わたしにも映せます」といったコマーシャルが流れるようになった．著者は1978年にカナダで3カ月ほど暮らしたが，景観や家族のムービーをシングル8でとった．この頃から動画をビデオでとることが始まったが，現在ではフィルムを使うという人はまずいないであろう．過去にとったムービーフィルムもビデオに変換できるようになった．ここ半世紀の間に動画に関する技術は急速に発展したといえるだろう．

　ラジオやテレビで高等教育を行うという放送大学も上記の発展とは無縁でない．著者は1988年に同大学の客員教授となったが，1991年に東京大学を定年退官して放送大学に移った．左ページに可逆か，不可逆かの判定にビデオを使う話が出てくるが，放送大学はビデオを使うので不可逆過程は打ってつけのテーマである．授業のディレクターと相談し，この過程の例とした花火の映像をとり上げることにした．いろいろな映像の中からロケット花火が点火され，光と煙が立ち上がるシーンを選んだ．これを逆転した映像も作ってもらったが，光や煙がもとの火薬に戻る姿はいかにも奇妙という印象をもった．可逆か，不可逆かは常識で判断できるが，不可逆過程に対する映像を自作し，実際に不可逆の不可逆たる由縁を感得するのも一興であろう．

5.2 クラウジウスの原理とトムソンの原理

● **不可逆性の特徴** ●　前節で学んだ熱伝導における不可逆性の特徴は

$$熱は低温部から高温部へひとりでに移動しない \tag{5.1}$$

といえる．これを**クラウジウスの原理**という．ここで「ひとりでに」という語句は正確には「外部になんら変化を残さないで」という意味である．同様に，摩擦熱の場合，その特徴は

$$熱はひとりでに力学的な仕事に変わらない \tag{5.2}$$

と表現できる．これを**トムソンの原理**という．この両者を**熱力学第二法則**という．両者の原理とも「ひとりでに」という語句は重要である．例えば (5.1) は 低温 → 高温 の向きに熱を移動させるのは不可能だ，という意味ではない．実際エアコンは低温部から高温部へ熱を移動させる装置である．この場合，エアコンには仕事をしたという変化が残っている．同様に，(5.2) は熱を仕事に変えるのは不可能だ，という意味ではない．カルノーサイクルは熱を仕事に変える一種の熱機関であるが，1 サイクルの後高温熱源は熱量を失い，低温熱源は熱量を受けとるという変化が残っている．

● **証明の論理** ●　クラウジウスの原理とトムソンの原理とは，一見，異なったようにみえるかもしれないが，両者の原理は，実は同じことを違った立場で表現しているだけである．この等価性は例題 2 で証明するが，その準備として証明の論理を示しておく．2 つの命題 A, B があり A が成立するとき B が成立することを A → B と書こう．これを証明するのに A, B を否定する命題を A′, B′ として，B′ → A′ を証明してもよい（問題 2.1）．B′ → A′ を A → B の**対偶**という．

> [参考]　**クラウジウスとトムソン**　クラウジウス（1822–1888）はドイツの理論物理学者で 1850 年にクラウジウスの原理を提唱した．1865 年にエントロピーの概念を唱えたが，エントロピーについては本書の 5.5 節で述べる．また，状態図で 2 相の共存曲線の勾配はクラウジウス-クラペイロンの式で記述されるが，これについては 5.7 節で説明したい．クラウジウスは現代から考えると保守的な人で，本書の後半で議論するような統計的な熱理論にはあまり共感をもたなかった．彼の時代背景を考慮するとこれは当然の帰結かもしれない．トムソン（1824–1907）はイギリスの物理学者でクラウジウスと前後して熱力学第二法則の定式化に寄与した．1892 年に爵位をうけ Baron Kelvin of Largs と称し，ラーグスの別荘で逝去した．1.1 節でも触れたが，絶対温度や温度差を表す K の記号は Kelvin の頭文字に由来する．なお，エネルギーという用語が定着したのは 1851 年のトムソンの論文以降のことで，意外なことにニュートンはエネルギーという言葉を知らなかった．

5.2 クラウジウスの原理とトムソンの原理

例題 2 ─── クラウジウスの原理とトムソンの原理の等価性

クラウジウスの原理とトムソンの原理とは等価であることを示せ．ただし，クラウジウスの原理を命題 A，トムソンの原理を命題 B としたとき，A と B とが等価であるとは，A → B, B → A の意味である．

[解答] 問題を証明するのに対偶をとり A′ → B′, B′ → A′ を証明してもよい．A′ が成立すると熱は低温部から高温部へひとりでに移動する．そこで，カルノーサイクル C を運転させ，高温部から Q_1 の熱量を吸収し，低温部へ Q_2 の熱量を放出したとする．C はその差 $Q_1 - Q_2$ だけの仕事を外部に対して行う［図 5.2(a)］．ここで Q_2 の熱量をひとりでに高温部へ移動させると，低温部の変化が消滅し，高温部の熱量 $Q_1 - Q_2$ がひとりでに仕事に変わり B′ が成立する．すなわち，A′ → B′ が証明された．逆に，B′ が正しいと仮定し，低温部の熱量 Q' がひとりでに仕事になったとして，この仕事を使い逆カルノーサイクル $\overline{\mathrm{C}}$ を運転させる［図 5.2(b)］．その際，低温部から Q_2 の熱量が失われたとすれば，1 サイクルの後，外部の仕事は帳消しとなり，低温部から $Q_2 + Q'$ の熱量がひとりでに高温部へ移動したことになる．このようにして B′ → A′ が示された．

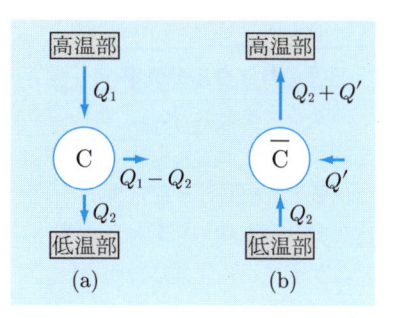

図 5.2　両者の原理の等価性

問題

2.1 命題 A が成立するとき命題 B が成立することを A → B と書く．A, B を否定する命題をそれぞれ A′, B′ とするとき，A → B を導くには B′ → A′ を示せばよいことを証明せよ．

2.2 エネルギー無の状態から有限のエネルギーを発生するような装置を**第一種の永久機関**という．この機関はエネルギー保存則と矛盾するためその存在が否定された．一方，熱をそのまま全部，仕事に変えるような熱機関を**第二種の永久機関**という．この永久機関は第一種の永久機関と違って，エネルギー保存則と矛盾しない．第二種の永久機関が実現すれば，実用上，第一種の永久機関とそれほど違わないことを説明せよ．

2.3 熱力学第二法則を表すのにいろいろな表現があり，第二種の永久機関を作ることは不可能であるといってもよい．これを**オストワルドによる表現法**というが，この表現を使い，絶対零度は実現し得ないことを示せ．

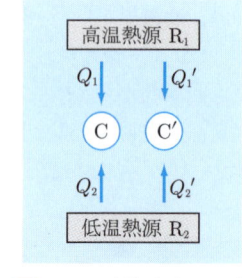

5.3 可逆サイクルと不可逆サイクル

● **可逆サイクルと不可逆サイクル** ● カルノーサイクルは理想的な熱機関で，状態変化はすべて可逆過程であると仮定した．このように，可逆過程から構成されるサイクルを**可逆サイクル**という．これに対し，状態変化の際，不可逆過程を含むサイクルを**不可逆サイクル**という．現実の熱機関では，気体が膨張，圧縮するときシリンダーとピストンとの間で摩擦熱が発生したり，また，作業物質と熱源との間で熱伝導が起こったりして，必然的に不可逆過程が含まれる．可逆サイクル，不可逆サイクルで構成される熱機関をそれぞれ**可逆機関**，**不可逆機関**という．可逆機関はいわば想像上の理想的な熱機関で現実に存在するわけではない．しかし，それは理論的な推論の上で重要な役割を演じる．

● **任意のサイクルの効率** ● 任意のサイクル（可逆でも不可逆でもよい）を C，カルノーサイクルを C′ とし，これらを高温熱源 R_1（温度 T_1）と低温熱源 R_2（温度 T_2）との間で運転させたとしよう．1 サイクルの間に，C, C′ はそれぞれ，図 5.3 に示すような熱量を吸収したと仮定する．p.34 で注意したように，矢印の向きと熱量の符号は一致するようにしている．図 5.3 ではサイクルに流れ込む向きをプラスにとってある点に注意しておこう．サイクルの性質により，もとに戻ったとき，C は $Q_1 + Q_2$，C′ は $Q_1' + Q_2'$ の仕事を外部に行い，結局 C, C′ がもとに戻ったとき外部には $Q_1 + Q_2 + Q_1' + Q_2'$ だけの仕事が残る．ここですべての操作が終わったとき R_2 に変化が残らないように Q_2' を決めれば

$$Q_2 + Q_2' = 0 \tag{5.3}$$

図 5.3 可逆サイクルと不可逆サイクル

となる．熱力学第二法則を使うと C の効率に対し

$$\eta \leq \frac{T_1 - T_2}{T_1} \tag{5.4}$$

が導かれる（例題3）．ここで ＝ は可逆，＜ は不可逆の場合に相当する．上式の右辺はちょうどカルノーサイクル C′ の効率で，2 つの熱源間で働く熱機関の効率はカルノーサイクルのとき最大となる．可逆，不可逆という物理的な概念が (5.4) の関係では数学的に等式，不等式という形に表現されている．このような事情は以下，可逆過程，不可逆過程の区別を表すときに現れる点に注意しておこう．

5.3 可逆サイクルと不可逆サイクル

---**例題 3**--一般的なサイクルの効率---

一般的なサイクルの効率に関する (5.4) を導け．

[解答] Q_2' を (5.3) のように決めると，C, C' がもとに戻ったとき R_2 はもとに戻るが，R_1 は $Q_1 + Q_1'$ の熱量を失い，それに等しい仕事が外部に残る．もし，$Q_1 + Q_1'$ が正であれば，正の熱量がひとりでに仕事に変わりトムソンの原理に反するので

$$Q_1 + Q_1' \leqq 0 \tag{1}$$

でなければならない．もし C が可逆サイクルであれば，C' は可逆サイクルであるから逆向きの状態変化が可能で上の操作をすべて逆転することができる．その場合には，Q, Q' の符号がすべて逆転し $Q_1 + Q_1' \geqq 0$ となり (1) と両立するためには $Q_1 + Q_1' = 0$ が必要となる．逆にこれが成立すれば，すべての変化が帳消しになるので，C が可逆サイクルであることは明らかである．すなわち，(1) の $\leqq 0$ で $= 0$ と可逆サイクルとは等価である．したがって，< 0 と不可逆サイクルとが等価になる．さて，C' はカルノーサイクルであるから，(4.19) により

$$\frac{Q_1'}{T_1} + \frac{Q_2'}{T_2} = 0 \tag{2}$$

が成立する．(5.3) から得られる $Q_2' = -Q_2$ を (2) に代入すると

$$\frac{Q_1'}{T_1} - \frac{Q_2}{T_2} = 0 \tag{3}$$

となり，これから $Q_1' = T_1 Q_2 / T_2$ が導かれる．$T_1 > 0$ に注意すれば (1) から

$$\frac{Q_1}{T_1} + \frac{Q_2}{T_2} \leqq 0 \tag{4}$$

となる．この関係も**クラウジウスの式**と呼ばれる．(4) で $=$ は可逆サイクル，$<$ は不可逆サイクルの場合に対応する．C の効率 η は次式のように書ける．

$$\eta = \frac{Q_1 + Q_2}{Q_1} = 1 + \frac{Q_2}{Q_1} \tag{5}$$

C が外部に仕事をするときには $Q_1 > 0$ で (4) に注意すると (5.4) が得られる．

問題

3.1 温度 T_1 の高温熱源から熱量を吸収し，低温熱源へ Q_2 の熱量を放出する熱機関で，1 サイクルで外部にする仕事 W に対し次の関係を証明せよ．

$$W \leqq \left(\frac{T_1}{T_2} - 1 \right) Q_2 \quad [\leqq \text{は (5.4) と同じ意味}]$$

3.2 一定な断面積 S をもつシリンダー中に n モルの理想気体を封入したカルノーサイクルがある．気体を等温圧縮させるときだけピストンとシリンダーの間に一定の大きさ F の摩擦力が働くとする．この場合の効率 η を求めよ．

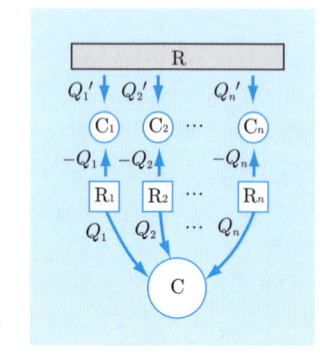

5.4 クラウジウスの不等式

● **クラウジウスの式の拡張** ● 前ページの (4) は多数の熱源がある場合に拡張できる．いま，任意の体系が行う任意のサイクル C があるとし，1 サイクルの間に図 5.4 のように C は熱源 R_1（温度 T_1）から熱量 Q_1，熱源 R_2（温度 T_2）から熱量 Q_2，$\cdots$，熱源 R_n（温度 T_n）から熱量 Q_n を吸収したとする．ここで，温度 T をもつ任意の熱源 R を準備し，この R と $R_1, R_2, \cdots, R_n$ との間にカルノーサイクル $C_1, C_2, \cdots, C_n$ を働かせる．これらをもとに戻したとき図 5.4 のように熱量を吸収したとすれば，カルノーサイクルに対する関係から次式が成り立つ．

$$\frac{Q'_i}{T} - \frac{Q_i}{T_i} = 0 \quad (i = 1, 2, \cdots, n) \qquad (5.5)$$

すべてのサイクルが完了した時点で，$C, C_1, C_2, \cdots, C_n$ はもとに戻り，また熱源 R_i からは Q_i と $-Q_i$ の熱量が出ているから差し引き変化は 0 で，$R_1, R_2, \cdots, R_n$ ももとに戻る．一方，1 サイクルの間に C_i は $Q'_i - Q_i$，C は $Q_1 + Q_2 + \cdots + Q_n$ の仕事を外部に対して行う．これらを加え外部にした仕事は $Q'_1 + Q'_2 + \cdots + Q'_n$ となる．したがって，すべてのサイクルが完了した時点で，変化があるのは R が $Q'_1 + Q'_2 + \cdots + Q'_n$ の熱量を失い，外部にこれだけの仕事が残っているという点で

図 5.4 クラウジウスの不等式

$$\sum_{i=1}^{n} Q'_i \leqq 0 \qquad (5.6)$$

が成り立つ．5.3 節と同じ議論で C が可逆サイクルなら，(5.6) で $= 0$，不可逆サイクルなら < 0 となる．

● **クラウジウスの不等式** ● (5.5) から Q'_i を解いて，(5.6) に代入し $T > 0$ に注意すれば

$$\sum_{i=1}^{n} \frac{Q_i}{T_i} \leqq 0 \qquad (5.7)$$

が得られる．上式は n 個の熱源があるとき成り立つ関係でこれを**クラウジウスの不等式**という．2 個の熱源を考え，$n = 2$ とすれば (5.7) は例題 3 中の (4) のクラウジウスの式に帰着する．

5.4 クラウジウスの不等式

── 例題 4 ──────────── 3 個の熱源に対するクラウジウスの不等式 ──

(a) あるサイクルが温度 T_0, T_1, T_2 の熱源からそれぞれ Q_0, Q_1, Q_2 の熱量を吸収してもとの状態に戻るとき,クラウジウスの不等式はどのように表されるか.

(b) (a) はガス冷蔵庫の原理を表す.上のサイクルがガスの炎(温度 T_0)から Q_0,低温熱源(温度 T_2)から Q_2 の熱量を吸収し,また高温熱源(温度 T_1)に $Q_0 + Q_2$ の熱量を供給してもとに戻ったとする(図 5.5).すべての変化が可逆的な場合,Q_2 を求め,このような過程が冷蔵庫として働くことを示せ.

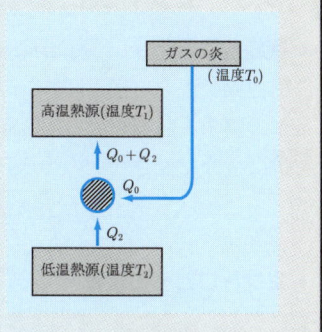

図 5.5 ガス冷蔵庫の原理

[解答] (a) $\dfrac{Q_0}{T_0} + \dfrac{Q_1}{T_1} + \dfrac{Q_2}{T_2} \leq 0$

(b) すべての変化が可逆的であれば
$$\frac{Q_0}{T_0} - \frac{Q_0 + Q_2}{T_1} + \frac{Q_2}{T_2} = 0$$
が得られる.これから Q_2 を解いて
$$Q_2 = \frac{T_2}{T_0} \frac{T_0 - T_1}{T_1 - T_2} Q_0$$
となる.$T_1 > T_2$ であるから,$T_0 > T_1$ なら $Q_2 > 0$ となる.すなわち,$T_0 > T_1 > T_2$ が満たされると,低温熱源から熱が奪われ,冷蔵庫としての機能が生じる.

問 題

4.1 例題 4 で高温熱源は庫外として $T_1 = 300\,\text{K}$,庫内の低温熱源は庫外より $50\,\text{K}$ 低いとして $T_2 = 250\,\text{K}$ とする.$T_0 = 1000\,\text{K}$,$Q_0 = 1\,\text{J}$ のとき Q_2 は何 J か.

4.2 n 個の熱源があり,任意のサイクル C が 1 サイクルの間に熱源 R_1(温度 T_1)から熱量 Q_1,熱源 R_2(温度 T_2)から熱量 Q_2,$\cdots$,熱源 R_n(温度 T_n)から熱量 Q_n を吸収したとする.1 サイクルの後,C は外部に $\sum_{i=1}^{n} Q_i$ の仕事をしたことを証明せよ.

4.3 問題 4.2 のような n 個の熱源に対するサイクルを熱機関と考える.吸熱過程における熱源の最高温度を $T_{\max}$,放熱過程における熱源の最低温度を $T_{\min}$ とする.この熱機関の効率 η に対し次式を示せ.
$$\eta \leq 1 - \frac{T_{\min}}{T_{\max}}$$

5.5 エントロピー

● **連続的な変化** ● 連続的な変化の場合，サイクルを象徴的に閉曲線で表し（図 5.6）これを分割して，各微小部分で体系が吸収する熱量を $d'Q$，熱源の温度を T' とする．(5.7) の左辺は積分で表され次のようになる．

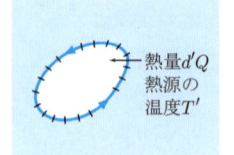

$$\oint \frac{d'Q}{T'} \leqq 0 \tag{5.8}$$

図 5.6　連続的な変化

● **エントロピーの定義** ● 図 5.7(a) のように，状態 1 から状態 2 に経路 L_1 に沿って変化し，$2 \to 1$ と L_2' をたどりもとへ戻る可逆サイクルを考える．体系の温度 T と熱源の温度 T' が違うと熱伝導が起こり，可逆サイクルになり得ないので，可逆サイクルでは $T = T'$ となり，(5.8) は

$$\int_{L_1} \frac{d'Q}{T} + \int_{L_2'} \frac{d'Q}{T} = 0 \tag{5.9}$$

となる．図 5.7(b) のように，L_2' と逆向きの経路を L_2 とすれば，可逆過程では変化の向きを逆転させると熱量の符号が逆転するので，(5.9) は

$$\int_{L_1} \frac{d'Q}{T} = \int_{L_2} \frac{d'Q}{T} \tag{5.10}$$

と書ける．すなわち，$1 \to 2$ の可逆過程を表す任意の経路 L に対し $\int_L \frac{d'Q}{T}$ は L の選び方に依存しない．始点 0 を決め $0 \to 1$, $0 \to 2$ の可逆過程を表す任意の経路を新たに，L_1, L_2 とする（図 5.8）．0 を固定したと思えば

$$\int_{L_1} \frac{d'Q}{T} = S(1), \quad \int_{L_2} \frac{d'Q}{T} = S(2) \tag{5.11}$$

で定義される $S(1), S(2)$ はそれぞれ状態 1, 2 に依存し状態量となる．この S を**エントロピー**という．基準状態 0 の選び方は任意であり，エントロピーには不定性がある．

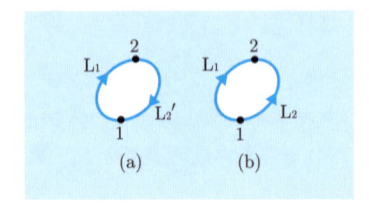

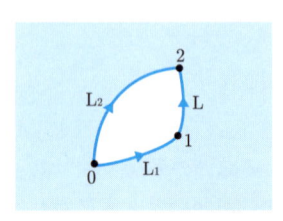

図 5.7　可逆サイクル　　　図 5.8　エントロピーの定義

例題 5 ───── 状態変化とエントロピーの差

図 5.8 のように，1 → 2 の任意の経路 L（可逆でも不可逆でもよい）を考えたとき

$$\int_L \frac{d'Q}{T'} \leq S(2) - S(1)$$

が成り立つことを示せ．ただし，等号は 1 → 2 の状態変化が可逆な場合，不等号は 1 → 2 の状態変化が不可逆な場合を表す．

[解答] $0 \to 1 \to 2 \to 0$ のサイクルに (5.8) を適用し，可逆過程では $T' = T$ とおけることおよび可逆過程で経路を逆にすると $d'Q$ の符号が逆転することに注意すると

$$\int_{L_1} \frac{d'Q}{T} + \int_L \frac{d'Q}{T'} - \int_{L_2} \frac{d'Q}{T} \leq 0$$

が得られる．(5.11) を用いると与式が導かれる．

[参考] 微小変化の場合　例題 5 の結果で状態 2 が状態 1 に限りなく近づくと，結果は微小量の間の関係となり，次の関係

$$\frac{d'Q}{T'} \leq dS$$

が成立する．可逆的な微小変化では上式で等号をとり $T' = T$ とおけば $d'Q = TdS$ が得られる．これを熱力学第一法則 (4.5) (p.34) と組み合わせ

$$dS = \frac{dU}{T} + \frac{pdV}{T}$$

となる．これはエントロピーを具体的に計算する際に役立つ関係である（問題 5.4）．

問題

5.1 一定温度をもつある体系が可逆的に熱量 Q を吸収したとき，体系のエントロピー増加分は Q/T であることを示せ．

5.2 一般に，固体を液体にするには外部から融解熱を加える必要がある．1 気圧の下で 0 °C の氷を同温度の水にするための融解熱は 1 g 当たり 80 cal である．1 g の氷を可逆的に同温度の水にしたときのエントロピー増加分を求めよ．

5.3 質量 m，比熱 c の物体の温度を T_1 から T_2 まで可逆的に上昇させたとき，物体のエントロピーはどれだけ増加するか．ただし，比熱は温度に依存しないと仮定する．

5.4 n モルの理想気体のエントロピーを求めよ．

5.5 微小量 $d'X$ に適当な関数 λ を掛け $\lambda d'X$ がある状態量の微分で表されるとき，この λ を**積分因子**という．微小仕事 $d'W$，微小熱量 $d'Q$ に対する積分因子を求めよ．

例題 6 ────────────── エントロピー増大則

前ページの参考により断熱過程 ($d'Q=0$) を考えると，$T'>0$ であるから $0 \leqq dS$ となる．すなわち，可逆断熱過程ではエントロピーは不変だが，不可逆断熱過程ではエントロピーは必ず増大する．これを**エントロピー増大則**という．この法則は自然界における状態変化の向きを与えるが，平たくいえば物事は時間がたつにつれ色あせていくということの物理学的な表現である．この法則を表す和歌を2つあげよ．

解答 次の2例をあげる．1つは百人一首内の作者小野小町の

　　　　花の色は　移りにけりな　いたずらに
　　　　我が身世にふる　ながめせしまに

という和歌で，ぼんやり過ごしているうちに私の容色は衰えてしまったという老化を嘆いた歌であろう．他の1つは安倍貞任，源義家合作と伝えられる和歌で

　　　　年を経し　糸の乱れの　くるしさに
　　　　衣の館は　ほころびにけり

というものである．著者が小学校で習った歴史絵本には逃げて行く安倍貞任とそれを追跡する源義家の馬上の2人のイラストがあった．上記の和歌の上の句が貞任，下の句が義家の作といわれている．広辞苑によると「衣の館」は岩手県衣川村にあった安倍頼時の居館とのだが，着物の縦糸にひっかけて使ったのであろう．丈夫なジーンズも長い間はいていると，糸がほつれてくるのはエントロピー増大則の表れである．

問 題

6.1 n モルの理想気体の温度を一定に保ち，体積を V から $2V$ まで変化させたときエントロピーの増加 $S(2V)-S(V)$ を求めよ．

6.2 図5.9のように，体積 $2V$ の容器の体積 V の部分に気体を閉じ込め，一方を真空とする．両者の仕切りをはずすと気体は体積 $2V$ に膨張する．これを**自由膨張**という．温度を一定に保つとしたとき，このような膨張は断熱変化であることを示し，エントロピー増大則が成り立つことを説明せよ．

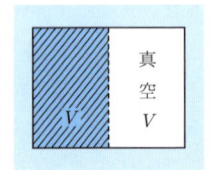

図 5.9　自由膨張

6.3 次の①〜③の事項の内で自然の流れとは逆のものを1つ選べ．
① 乱れ → 秩序，不確定 → 確定，雑 → 純
② 清澄 → 汚染，集中 → 拡散，光沢 → 曇り
③ 玲瓏 → 混濁，透明 → 不透明，建設 → 破壊

5.6 各種の熱力学関数

* **ヘルムホルツの自由エネルギー** ● エントロピーを使うと，目的に応じて適当な熱力学関数が定義される．独立変数として T, V を選んだときに便利な関数は

$$F = U - TS \tag{5.12}$$

で定義される**ヘルムホルツの自由エネルギー**である．$dU = -pdV + TdS$ に注意すると，(5.12) の微分をとり

$$\begin{aligned} dF &= -pdV + TdS - TdS - SdT \\ &= -SdT - pdV \end{aligned} \tag{5.13}$$

が導かれる．上式で $V=$ 一定，あるいは $T=$ 一定 のときを考えると

$$S = -\left(\frac{\partial F}{\partial T}\right)_V, \quad p = -\left(\frac{\partial F}{\partial V}\right)_T \tag{5.14}$$

が得られる．ここで偏微分の公式

$$\frac{\partial}{\partial V}\left(\frac{\partial F}{\partial T}\right) = \frac{\partial}{\partial T}\left(\frac{\partial F}{\partial V}\right)$$

を使うと

$$\left(\frac{\partial S}{\partial V}\right)_T = \left(\frac{\partial p}{\partial T}\right)_V \tag{5.15}$$

が得られる．これは**マクスウェルの関係式**と呼ばれるものの一種である．

* **ギブスの自由エネルギー** ● 独立変数を T, p としたときに便利な関数が**ギブスの自由エネルギー** G で，これは

$$G = U - TS + pV \tag{5.16}$$

で定義される．$dU = -pdV + TdS$ を使うと

$$\begin{aligned} dG &= -pdV + TdS - TdS - SdT + pdV + Vdp \\ &= -SdT + Vdp \end{aligned} \tag{5.17}$$

となる．上式から次の関係

$$S = -\left(\frac{\partial G}{\partial T}\right)_p, \quad V = \left(\frac{\partial G}{\partial p}\right)_T \tag{5.18}$$

が導かれる．また，上の両式を使うと，偏微分の性質を利用して (5.15) を導いたのと同じ方法を適用し

$$\left(\frac{\partial S}{\partial p}\right)_T = -\left(\frac{\partial V}{\partial T}\right)_V \tag{5.19}$$

が得られる．これもマクスウェルの関係式の 1 つである．

―― 例題 7 ――――――――――――――――――― ギブス-ヘルムホルツの式 ――

ヘルムホルツの自由エネルギー F により，内部エネルギー U は

$$U = -T^2 \left[\frac{\partial}{\partial T}\left(\frac{F}{T}\right)\right]_V$$

と表され，これを**ギブス-ヘルムホルツの式**という．この式を導け．

[解答] $F = U - TS$ から $U = F + TS$ と書けるので (5.14) の左側の式を使うと

$$U = F - T\left(\frac{\partial F}{\partial T}\right)_V = -T^2\left[\frac{\partial}{\partial T}\left(\frac{F}{T}\right)\right]_V$$

となる．ギブス-ヘルムホルツの式は統計力学の定式化のとき利用される．

[参考] **ヘルムホルツとギブス** ヘルムホルツ (1821-1894) はドイツの物理学者で現在でいうエネルギーの概念を導入し，力学的，熱的，電気的，磁気的，化学的なエネルギーの相互関係やエネルギー保存則を論じた．また，熱のカロリック説を排し熱の運動説を支持した．ギブス (1839-1903) はアメリカの物理学者で統計力学の基礎づけに貢献した．10.1 節で述べる集団という概念はギブスにより導入されたものである．次節で述べるギブス-デュエムの関係も統計力学で利用されている．

問題

7.1 定積熱容量 C_V に対し

$$\left(\frac{\partial S}{\partial T}\right)_V = \frac{C_V}{T}$$

の関係を導き，$S(T,V)$ の関数形を実験的に決める方法を論じよ．

7.2 n モルの理想気体の場合，ヘルムホルツの自由エネルギーはどのように表されるか．

7.3 独立変数としてエントロピー S，圧力 p を選んだときの熱力学関数として $H = U + pV$ で定義される**エンタルピー**が使われる．$(\partial H/\partial S)_p, (\partial H/\partial p)_S$ はどのように表されるか．

7.4 次の関係を導け．

$$\left(\frac{\partial p}{\partial S}\right)_V = -\left(\frac{\partial T}{\partial V}\right)_S, \quad \left(\frac{\partial V}{\partial S}\right)_p = \left(\frac{\partial T}{\partial p}\right)_S$$

7.5 次の関係

$$\left(\frac{\partial U}{\partial V}\right)_T = T\left(\frac{\partial p}{\partial T}\right)_V - p$$

を証明し，理想気体の状態方程式が成り立つとき，内部エネルギーは T だけの関数で V には依存しないことを示せ．

5.7 化学ポテンシャル

- **粒子数の変化** これまで，体系中の粒子数は一定であると暗に仮定してきたが，粒子数が変わると内部エネルギーも変化する．この事情を表すため，差し当たり体系は 1 種類の粒子から構成されるとし粒子数を N とする．本来なら粒子数は自然数であるが，これらは莫大な数であるからそれらを連続変数のように扱ってもよい．この点に注意し，内部エネルギーの微分は次のように書けるとする．

$$dU = -pdV + TdS + \mu dN \tag{5.20}$$

- **多成分系の場合** 体系が 1 成分ではなく，n 種類の粒子から構成されるとき，この構成粒子を**化学種**という．例えば，$2HI \rightleftarrows H_2 + I_2$ の化学反応では，HI, H_2, I_2 の分子は化学種である．各粒子数を $N_1, N_2, \cdots, N_n$ とし，これらが変化する場合，(5.20) を一般化して，系全体の内部エネルギーの微分を次のように表す．

$$dU = -pdV + TdS + \sum_{j=1}^{n} \mu_j dN_j \tag{5.21}$$

- **化学ポテンシャル** (5.21) 中の μ_j を成分 j の 1 粒子当たりの**化学ポテンシャル**という．V, S を一定に保ち成分 j の粒子を 1 個増やしたときの内部エネルギーの増え高が μ_j であると考えてよい．あるいは，μ_j は

$$\mu_j = \left(\frac{\partial U}{\partial N_j}\right)_{V, S, (N_j)} \tag{5.22}$$

と書ける．ただし，(N_j) の記号は N_j 以外の粒子数を一定に保つことを意味する．

- **S, F, G の微分** 多成分系の場合でも F, G は (5.12) あるいは (5.16) で定義され次式が成り立つ．ただし，$\sum$ は j に関する 1 から n までの和である．

$$dS = \frac{dU}{T} + \frac{p}{T}dV - \frac{1}{T}\sum \mu_j dN_j \tag{5.23}$$

$$dF = -SdT - pdV + \sum \mu_j dN_j \tag{5.24}$$

$$dG = -SdT + Vdp + \sum \mu_j dN_j \tag{5.25}$$

- **化学ポテンシャルとギブスの自由エネルギー** 状態量には 2 種類ある．同じ物体を 2 つ接合し 1 つの物体とみなすとき，体積，熱容量などはもとの 2 倍になるが，圧力や温度は変わらない．一般に，体積を x 倍にしたとき x 倍になるような状態量を**示量性**，変わらない状態量を**示強性**という．示量性を利用すると n 成分系のギブスの自由エネルギーは次式のように書けることがわかる（問題 8.1）．

$$G(T, p, N_1, N_2, \cdots, N_n) = \sum N_j \mu_j \tag{5.26}$$

例題 8 ― 2 相の平衡と化学ポテンシャル

図 5.10 のように 1 種類の分子から構成される物質が外界と遮断された箱の中に密閉されるとし，この物質は 2 つの相 A, B をとると仮定する．例えば，物質は水で A 相は気相，B 相は液相であると考えてよい．A 相，B 相は共通な温度 T，圧力 p をもつとし，状態 A にある粒子数を N_A，その化学ポテンシャルを μ_A とし，同様に，N_B, μ_B を定義する．両者の相が均一であると仮定すれば，A 相，B 相の平衡条件は $\mu_A = \mu_B$ で与えられることを証明せよ．

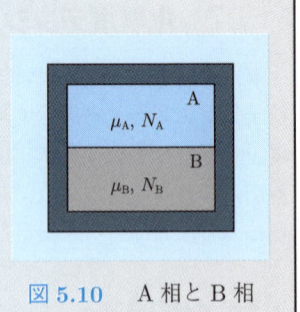

図 5.10　A 相と B 相

解答 S_A, U_A, V_A は A 相のエントロピー，内部エネルギー，体積であるとし，同様の量を B 相に対して定義すれば，(5.23) により

$$dS_A = \frac{dU_A}{T} + \frac{p}{T}dV_A - \frac{1}{T}\mu_A dN_A, \quad dS_B = \frac{dU_B}{T} + \frac{p}{T}dV_B - \frac{1}{T}\mu_B dN_B$$

となる．体系全体は孤立しているという仮定から $U_A + U_B =$ 一定 $\therefore dU_A + dU_B = 0$ となり，また全体の体積を一定に保つとすれば $dV_A + dV_B = 0$ が成り立つ．一方，全体のエントロピー変化 dS は $dS = dS_A + dS_B$ と書け上の両式から $dS = -(1/T)(\mu_A dN_A + \mu_B dN_B)$ となる．系全体の粒子数は一定で $dN_A + dN_B = 0$ と書け，このため $dS = -(1/T)(\mu_A - \mu_B)dN_A$ の関係が成立する．第二法則により $dS > 0$ だから，$\mu_A > \mu_B$ だと $dN_A < 0$ となり粒子は A から B へと移動する．逆に $\mu_B > \mu_A$ だと粒子は B から A へと移動する．このように，粒子は化学ポテンシャルの大きい方から低い方へ移動する．また，粒子の移動がない平衡の状態では μ は互いに等しいことがわかる．化学ポテンシャル共通ということが熱平衡の 1 つの条件である．これは熱が 高温 → 低温 へ移動し温度の等しいことが熱平衡の条件となるのと同じ意味をもっている．

問題

8.1 G は示量性の状態量であることを利用し (5.26) を導け．

8.2 A 相と B 相とが熱平衡にあるとき上述のように $\mu_A = \mu_B$ が成り立つ．この条件は A 相，B 相のそれぞれの単位質量当たりのギブスの自由エネルギーを g_A, g_B とするとき $g_A = g_B$ の条件と等価であることを示せ．

8.3 三重点はどのような条件から決まるか．

8.4 n 成分系で成り立つ次のギブス-デュエムの関係を証明せよ．

$$SdT - Vdp + \sum N_j d\mu_j = 0$$

5.7 化学ポテンシャル

例題 9 ─────────── クラウジウス−クラペイロンの式

状態図で気相−液相の共存曲線を考え，この曲線にごく接近した 2 点 (T, p) と $(T+dT, p+dp)$ をとる（図 5.11）．単位質量当たりの状態量を小文字の記号で表し，気相，液相をそれぞれ G, L の添字で記述するとき

$$\frac{dp}{dT} = \frac{s_G - s_L}{v_G - v_L}$$

が成立することを示せ．上記の関係を**クラウジウス−クラペイロンの式**という．

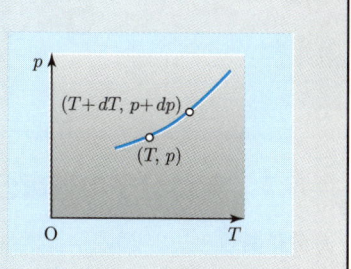

図 5.11　気相−液相の共存曲線

[解答]　問題 8.2 で示したように A 相と B 相の熱平衡の条件は $g_A = g_B$ と表される．したがって，図 5.11 中の 2 点に対して

$$g_G(T, p) = g_L(T, p), \quad g_G(T+dT, p+dp) = g_L(T+dT, p+dp)$$

が成り立つ．一般に，(5.17)（p.55）によりギブスの自由エネルギーに対し $dG = -SdT + Vdp$ と書け，単位質量の場合には $dg = -sdT + vdp$ である．上の両式は $dg_G = dg_L$ と表されるので $-s_G dT + v_G dp = -s_L dT + v_L dp$ となり，これから与式が導かれる．

問 題

9.1　単位質量の液体が気体になるとき吸収する熱量（**気化熱**）を Q とすれば

$$\frac{dp}{dT} = \frac{Q}{T(v_G - v_L)}$$

と書けることを示せ．

9.2　1 気圧での水の沸点は 100 °C，このときの水の気化熱は 1 g 当たり 539 cal である．気相，液相における単位質量当たりの体積は $v_G = 1.674 \, \text{m}^3 \cdot \text{kg}^{-1}$, $v_L = 10^{-3} \, \text{m}^3 \cdot \text{kg}^{-1}$ であるとして 1 気圧，100 °C における dp/dT を求めよ．

9.3　液相−固相の共存曲線に対するクラウジウス−クラペイロンの式は

$$\frac{dp}{dT} = \frac{Q'}{T(v_L - v_S)}$$

となることを示せ．ただし v_L, v_S は液相，固相における単位質量当たりの体積，Q' は単位質量の固体が液体になると吸収する熱量，すなわち融解熱である．

9.4　1 気圧，0 °C での水では $v_L = 10^{-3} \, \text{m}^3 \cdot \text{kg}^{-1}$, $v_S = 1.091 \times 10^{-3} \, \text{m}^3 \cdot \text{kg}^{-1}$, $Q' = 80 \, \text{cal} \cdot \text{g}^{-1}$ である．圧力を 1 気圧増やしたとき，氷点はどのように変わるか．

6 分子の熱運動

6.1 気体分子の速度分布

● 分布関数 ● N 個の 1 種類の分子から構成される気体が体積 V の容器に入っているとする．一般には，分子間に力が働くが，分子間に力は働かないとし，気体を温度 T に保つとしよう．また，気体分子を質点とみなし，分子の回転や振動などの内部自由度はないとする．すなわち，ここでは単原子分子の理想気体をとり扱う．このような気体分子の速度はある種の統計分布を示すが，N 個の分子のうち，座標成分が

$$(x, y, z) \sim (x+dx, y+dy, z+dz) \tag{6.1}$$

の範囲内にあり，また速度成分が

$$(v_x, v_y, v_z) \sim (v_x+dv_x, v_y+dv_y, v_z+dv_z) \tag{6.2}$$

の範囲内にある分子数を

$$f(v_x, v_y, v_z)dxdydzdv_xdv_ydv_z \tag{6.3}$$

とおく．ただし，分布は空間的に一様であるとし，f は x, y, z によらないとする．この f を **分布関数** という．分布関数は一般に時間に依存するが体系は熱平衡にあるとしこの依存性は考えない．

● 分布関数と平均値 ● (6.3) をすべての変数につき可能な領域にわたって積分すると N に等しくなる．その際，x, y, z での積分は体積 V を与え，また速度成分はどんな値もとれるから

$$N = V \int_{-\infty}^{\infty} dv_x dv_y dv_z f(v_x, v_y, v_z) \tag{6.4}$$

が得られる．同様に，例えば，分子 1 個当たりの v_x^2 の平均値は，平均を表す記号 $\langle\ \rangle$ を導入すると

$$\langle v_x^2 \rangle = \frac{V}{N} \int_{-\infty}^{\infty} dv_x dv_y dv_z v_x^2 f(v_x, v_y, v_z) \tag{6.5}$$

と表される．これからの課題は適当な仮定を設けて分布関数を決めることである．

気体運動論の発展

熱力学では物質の微視的な構造に立ち入らず，熱力学関数は与えられたものとする．熱力学が現象論と呼ばれる一因である．これに対し気体分子運動論は物質が多数の分子・原子から構成されるという立場に立ち物質の熱的な性質の理解を目的とする．これは 19 世紀の半ばから発展し，統計力学のさきがけとなった．

6.1 気体分子の速度分布

● **マクスウェルの仮定** ● 分布関数を決めるため，マクスウェルは1859年，分子の3方向の速度成分の分布は違う方向について互いに独立であるとした．これは，例えば v_x の分布は v_y の分布と独立であることを表し，分布関数 $f(v_x, v_y, v_z)$ が

$$f(v_x, v_y, v_z) = g(v_x)g(v_y)g(v_z) \tag{6.6}$$

という形に書けることを意味する．f を求めるため，どの方向もまったく同等である点に注意する．これは $f(v_x, v_y, v_z)$ が速度ベクトル $\boldsymbol{v}$ の大きさだけ，したがって v^2 だけによることを意味する．これを以下 $f(v^2)$ と書こう．その結果，(6.6) は

$$f(v^2) = g(v_x)g(v_y)g(v_z) \tag{6.7}$$

と表される．(6.7) で $v_y = v_z = 0$ とし，$g(0) = a$ とおけば $f(v_x^2) = a^2 g(v_x)$ すなわち $g(v_x) = a^{-2} f(v_x^2)$ で同様に $g(v_y) = a^{-2} f(v_y^2)$, $g(v_z) = a^{-2} f(v_z^2)$ が得られる．これらの関係を (6.7) に代入すると

$$f(v^2) = a^{-6} f(v_x^2) f(v_y^2) f(v_z^2)$$

である．ここで $v_x^2 = \xi$, $v_y^2 = \eta$, $v_z^2 = \zeta$ とおくと，$v^2 = v_x^2 + v_y^2 + v_z^2$ と書けるので

$$f(\xi + \eta + \zeta) = a^{-6} f(\xi) f(\eta) f(\zeta) \tag{6.8}$$

となる．これは未知関数 f を決めるべき方程式で，これを**関数方程式**という．上の方程式の解については例題1で論じる．

● **ベクトル記号の導入** ● ここでベクトル記号を導入し

$$\boldsymbol{r} = (x, y, z) \tag{6.9}$$

$$\boldsymbol{v} = (v_x, v_y, v_z) \tag{6.10}$$

とし，また，(6.1), (6.2) の範囲を

$$\boldsymbol{r} \sim \boldsymbol{r} + d\boldsymbol{r}, \quad \boldsymbol{v} \sim \boldsymbol{v} + d\boldsymbol{v} \tag{6.11}$$

と表す．

例題1の結果からわかるように，N 個の分子のうち，位置ベクトル，速度ベクトルが (6.11) の範囲内にある分子数は

$$f(\boldsymbol{v}) d\boldsymbol{r} d\boldsymbol{v} = A \exp(-\alpha v^2) d\boldsymbol{r} d\boldsymbol{v} \tag{6.12}$$

で与えられる．ただし，簡単のため，$f(v_x, v_y, v_z)$ を $f(\boldsymbol{v})$ と書き，また

$$d\boldsymbol{r} = dx dy dz \tag{6.13}$$

$$d\boldsymbol{v} = dv_x dv_y dv_z \tag{6.14}$$

という記号を導入した．以後，必要に応じ，(6.13), (6.14) のような記号を用いる．

● **記号に関する注意** ● (6.11) で $d\boldsymbol{r}, d\boldsymbol{v}$ の記号は微小ベクトルを表すものであるが，(6.13) または (6.14) で定義される量は微小体積を意味する．このように同じ記号を使うが特に混乱の起こることはない．

例題 1 ── 関数方程式の解

(6.8) の関数方程式を解き，物理的な観点から $f(\xi)$ を決めよ．

[解答] (6.8) を解くため，ξ, ζ を一定にして，同式の両辺を η で 2 度微分する．その結果 $f''(\xi+\eta+\zeta) = a^{-6}f(\xi)f''(\eta)f(\zeta)$ が得られる．ただし，$''$ は変数に関する 2 回微分を表す．ここで $\eta = \zeta = 0$ とすれば

$$f''(\xi) = a^{-6}f(\xi)f''(0)f(0) \tag{1}$$

となる．(6.8) から $f(0) = a^3$ と書け，$f''(\xi) = a^{-3}f''(0)f(\xi)$ が得られる．この式で $a^{-3}f''(0)$ は正と仮定し $\alpha^2 = a^{-3}f''(0)$ とおけば f に対する方程式は

$$f''(\xi) = \alpha^2 f(\xi) \tag{2}$$

と表される．(2) の解は A を任意定数として

$$f(\xi) = Ae^{\pm \alpha \xi} \tag{3}$$

と書ける．(3) で $\alpha > 0$ とすれば，ξ つまり v_x^2 が無限大のとき，$e^{\alpha \xi}$ は無限大になってしまい，物理的に不合理である．そこで，指数関数の肩にある $-$ の符号を採用する．このようにして次式が成立することがわかった．

$$f(\xi) = Ae^{-\alpha \xi} \tag{4}$$

ここで $f(v_x, v_y, v_z)$ を $f(v^2)$ と書いたことに注意すると (4) から (6.12) が導かれる．

問題

1.1 例題 1 中で $a^{-3}f''(0)$ は正と仮定し (4) を導いたが，これが負として $a^{-3}f''(0) = -\beta^2$ とおく．次の問に答えよ．

(a) $f(\xi)$ に対する方程式はどのように表されるか．

(b) 上の方程式を解きこの解は物理的に不合理であり，したがってこの場合は除外しなければいけないことを示せ．

1.2 (6.8) は

$$f(\xi + \eta + \zeta) = \frac{f(\xi)f(\eta)f(\zeta)}{f^2(0)}$$

と書けることを示し，例題 1 中の (4) が実際に上式の解であることを証明せよ．

1.3 (6.12) 中の A と α を決めるための 1 つの条件は，気体分子の全部の数が N ということである．この条件は数学的には (6.4) で与えられ

$$N = V \int_{-\infty}^{\infty} dv_x dv_y dv_z A \exp(-\alpha v^2)$$

と書ける．ρ を **数密度** (単位体積当たりの分子数) としたとき，すなわち $\rho = N/V$ とおいたとき上式は ρ に対するどのような関係をもたらすか．

6.2 気体の圧力

• **Aとαに対する条件** • ここで，α が正の定数のとき成り立つ次の公式（ガウス積分）を利用しよう（例題2）．

$$\int_{-\infty}^{\infty} dx \exp(-\alpha x^2) = \left(\frac{\pi}{\alpha}\right)^{1/2} \tag{6.15}$$

上の公式を利用すると，問題1.3の結果は次のように表される．

$$\rho = A\left(\frac{\pi}{\alpha}\right)^{3/2} \tag{6.16}$$

これは α, A に対する1つの条件を与える．

• **圧力の計算** • (6.16) はとにかく A と α に対する1つの条件だが，両者を決めるにはもう1つの条件が必要である．その条件を求めるため，気体の圧力を計算する．気体を入れた容器の微小部分を考え，それは平面とみなしてよいとする．この平面に垂直な方向に x 軸，平面内に y, z 軸をとって，$x > 0$ が容器の外，$x < 0$ が容器の中に対応するよう座標系を選ぶ（図

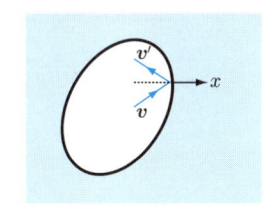

図 **6.1** 分子と壁との衝突

6.1）．気体中の分子は互いに衝突したり，容器の壁にぶつかり跳ね返されたりして，容器の中を縦横無尽に運動している．気体分子は容器の壁に衝突し跳ね返されるが，この衝突は完全に弾性的であるとする．衝突が弾性的だと衝突前の分子の速度 $\boldsymbol{v}$，衝突後の $\boldsymbol{v}'$ に対し

$$v'_x = -v_x, \quad v'_y = v_y, \quad v'_z = v_z$$

が成り立つ．その結果，気体分子の質量を m とすれば，衝突前後における x 方向の運動量の増加分は $-2mv_x$ で，y, z 方向では運動量変化はない．運動量の増加は力積に等しいから，分子は x 軸に沿い負の向きの力を壁から受ける．作用反作用の法則により，逆に分子は正の向きに（壁を押す向きに）力を及ぼし，この力が気体の示す圧力の原因となる．

• **圧力の表式** • 例題3で見るように，圧力 p は

$$p = \frac{mA}{2\alpha}\left(\frac{\pi}{\alpha}\right)^{3/2} \tag{6.17}$$

と計算され，現在は理想気体を考慮しているので，上式は理想気体の状態方程式に対応している（問題3.1）．これについては6.3節で述べる．

例題 2 ─────────────────────────── ガウス積分 ─

平面上の点 P を決める図 6.2 の変数 r, θ を**極座標**（二次元）という．ガウス積分を求めるため，以下の問に答えよ．

(a) $r \sim r+dr, \theta \sim \theta+d\theta$ に対応する微小面積 dS は $dS = r\,dr\,d\theta$ で与えられることを示せ．

(b)
$$I = \int_{-\infty}^{\infty} dx \exp(-\alpha x^2) \quad (\alpha > 0)$$
と定義する．I^2 を考え，ガウス積分を計算せよ．

[解答] (a) dS は図 6.3 の斜線部分の面積に等しい．この部分は近似的に一辺の長さがそれぞれ $dr, r\,d\theta$ の長方形とみなせるので題意が導かれる．

(b) I^2 を全平面にわたる積分とみなし，極座標を適用すると

$$I^2 = \int_{-\infty}^{\infty} dx\,dy \exp\left[-\alpha(x^2+y^2)\right]$$

$$= \int_0^{2\pi} d\theta \int_0^{\infty} dr\,r \exp(-\alpha r^2) = 2\pi \left[-\frac{1}{2\alpha} \exp(-\alpha r^2)\right]_0^{\infty} = \frac{\pi}{\alpha}$$

となる．$I > 0$ であることに注意し，上式の平方根をとると，次の結果が得られる．

$$\int_{-\infty}^{\infty} dx \exp(-\alpha x^2) = \left(\frac{\pi}{\alpha}\right)^{1/2}$$

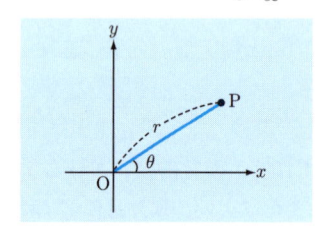

図 6.2　極座標（二次元）　　　　　図 6.3　微小面積

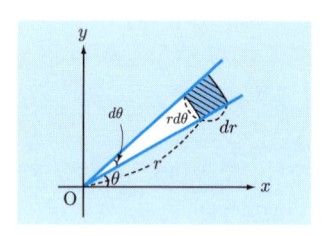

～～ **問　題** ～～～～～～～～～～～～～～～～～～～～～～

2.1 次の関係を示せ．

$$\int_0^{\infty} e^{-\alpha x^2} dx = \frac{1}{2}\sqrt{\frac{\pi}{\alpha}} \quad (\alpha > 0)$$

2.2 ガウスの積分を α で偏微分し，次の式を証明せよ．

$$\int_{-\infty}^{\infty} dx\,x^2 \exp(-\alpha x^2) = \frac{\pi^{1/2}}{2\alpha^{3/2}}$$

6.2 気体の圧力

---例題 3---――――――――――――――――――――――圧力の計算――

圧力に対する (6.17) を導け．

[解答] 図 6.4 に示すように，平面上に微小面積 dS をとり，dS を底とし $\boldsymbol{v}$ の方向に伸びた円筒状の立体を考える．この立体中にある速度 $\boldsymbol{v}$ の分子は，単位時間中に必ず容器の壁と衝突する．この立体の体積は $v_x dS$ であるから，この立体中にあり，速度が $\boldsymbol{v}$ と $\boldsymbol{v}+d\boldsymbol{v}$ との間にある分子数は (6.12) により

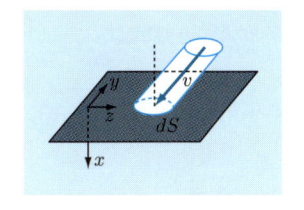

$$A v_x dS \exp(-\alpha v^2) d\boldsymbol{v} \tag{1}$$

図 6.4 圧力の計算

である．これらの分子は衝突の際，x 方向に $-2mv_x$ だけ運動量の変化を受ける．よって，単位時間中の全体の運動量変化 dP は

$$dP = -2mA dS \int_0^\infty dv_x \int_{-\infty}^\infty dv_y dv_z\, v_x^2 \exp(-\alpha v^2) \tag{2}$$

と書ける．分子が壁と衝突するには $v_x > 0$ の条件が必要なため，(2) の v_x に関する積分範囲は 0 から ∞ となる．(2) は dS の微小面積に単位時間の間に衝突するすべての分子の運動量変化を表す．一方，単位時間当たりの運動量変化は力に等しいので，(2) は dS 部分が気体に及ぼす力を表す．dP は分子の受ける運動量変化なので，分子が壁に及ぼす力を求めるには符号を逆転させる必要がある．圧力はこの力の大きさを単位面積当たりに換算したものであるから $p = -dP/dS$ となり，p は

$$p = 2mA \int_0^\infty dv_x\, v_x^2 \exp(-\alpha v_x^2) \left[\int_{-\infty}^\infty dv_y \exp(-\alpha v_y^2)\right]^2 \tag{3}$$

と表される．例題 2，問題 2.2 の結果を利用すると (3) は

$$p = 2mA \frac{\pi^{1/2}}{4\alpha^{3/2}} \frac{\pi}{\alpha} = \frac{mA}{2\alpha} \left(\frac{\pi}{\alpha}\right)^{3/2}$$

と計算され，(6.17) が得られる．

― 問 題 ―

3.1 以上の圧力の計算で分子の運動量変化だけを考慮した物理的な理由を明らかにせよ．

3.2 標準状態（1 atm, 0 °C）にある気体の 1 cm^3 当たりの分子数 ρ_L を**ロシュミット数**という．標準状態の気体は $22.4\, l = 22.4 \times 10^{-3}\, \mathrm{m}^3$ の体積を占めその中には**モル分子数** $N_A = 6.022 \times 10^{23}$ だけの分子が含まれることを使ってロシュミット数を求めよ．

6.3 マクスウェルの速度分布則

● **定数 α の意味** ● α の物理的な意味を調べるため，1 モルの理想気体を考えると，その状態方程式は

$$pV = RT \tag{6.18}$$

で与えられる．(6.16), (6.17)（p.63）から

$$p = \frac{m\rho}{2\alpha} \tag{6.19}$$

となるので，(6.18), (6.19) を比較して

$$\frac{m\rho}{2\alpha} = \frac{RT}{V} \tag{6.20}$$

が得られる．モル分子数を N_A とすれば $\rho = N_A/V$ と書け，よって (6.20) により α は

$$\alpha = \frac{mN_A}{2RT} \tag{6.21}$$

と表される．気体定数 R を N_A で割ったものを**ボルツマン定数**といい，k_B と記す．添字 $_B$ はボルツマンの頭文字を意味する．

● **ボルツマン定数** ● ボルツマン定数 k_B は

$$k_B = \frac{R}{N_A} \tag{6.22}$$

と定義される．その数値については例題 4 を参照せよ．(6.22) を使うと (6.21) は

$$\alpha = \frac{m}{2k_B T} \tag{6.23}$$

と書ける．また，(6.23) を (6.16) に代入し A を解くと次のようになる．

$$A = \rho \left(\frac{m}{2\pi k_B T} \right)^{3/2} \tag{6.24}$$

● **マクスウェルの速度分布則** ● これまでの結果をまとめると，$\boldsymbol{r} \sim \boldsymbol{r}+d\boldsymbol{r}, \boldsymbol{v} \sim \boldsymbol{v}+d\boldsymbol{v}$ の範囲内にある分子数 $f(\boldsymbol{v})d\boldsymbol{r}d\boldsymbol{v}$ は

$$f(\boldsymbol{v})d\boldsymbol{r}d\boldsymbol{v} = \rho \left(\frac{m}{2\pi k_B T} \right)^{3/2} \exp\left(-\frac{mv^2}{2k_B T} \right) d\boldsymbol{r}d\boldsymbol{v} \tag{6.25}$$

で与えられる．このような分布則を**マクスウェルの速度分布則**という．

● **定数 β** ● ボルツマン定数は $1/k_B T$ という一塊となって方程式の中に現れる．このためよく，次式で定義される β という記号を用いる．

$$\beta = \frac{1}{k_B T} \tag{6.26}$$

6.3 マクスウェルの速度分布則

---**例題 4**------------------------------**ボルツマン定数**---

気体定数 $R = 8.31 \, \mathrm{J \cdot mol^{-1} \cdot K^{-1}}$,モル分子数 $N_\mathrm{A} = 6.02 \times 10^{23} \, \mathrm{mol^{-1}}$ を用いてボルツマン定数の数値を求めよ.

[解答] R, N_A の数値を (6.22) に代入すると k_B は次のように計算される.

$$k_\mathrm{B} = \frac{8.31}{6.02 \times 10^{23}} \frac{\mathrm{J}}{\mathrm{K}} = 1.38 \times 10^{-23} \, \mathrm{J \cdot K^{-1}}$$

[参考] **ボルツマン因子** 分子の運動エネルギーを e とすれば

$$e = \frac{mv^2}{2}$$

であるから,(6.25) 中の指数関数は $e^{-\beta e}$ と書ける.これはボルツマン因子と呼ばれ,統計力学で重要な役割を演じる.

[参考] **マクスウェルとボルツマン** マクスウェル(1831-1879)はイギリスの物理学者でニュートンと並び称される物理学史上の巨人である.マクスウェルは幼少の頃から天才の誉れ高く,14歳で卵形曲線に関する論文を発表し人々を驚かせた.気体分子の速度分布に関するマクスウェルの仮定は1859年に導入されたが,少々後の1864年に現在マクスウェルの方程式と呼ばれる電磁場に関する基礎的な方程式を提唱している.この方程式の1つの結論として,電場,磁場は真空中,光速で波の形で伝わることが予言できる.この波は電磁波で,現在ではラジオ,テレビ,携帯電話などの通信手段として電磁波が利用されている.しかし,電磁波の存在は当時では革新的な考えですぐに世の中に受け入れられたわけではない.電磁波の存在が実験的に検証されるようになってマクスウェル方程式が信頼されるにいたった.マクスウェルはガンのため48歳でなくなったが,せめて60歳まで長生きしていれば,電磁波の実証に遭遇できた.ボルツマン(1844-1906)はオーストリアの物理学者で,分子運動論,統計力学の分野で重要な業績を残した.マクスウェルの気体分子運動論を発展させて速度分布則のより厳密な証明を得ようと努力した.マクスウェル分布を一般化したマクスウェル–ボルツマン分布について第8章で学ぶ.ボルツマンは1906年,62歳で神経衰弱のため自殺した.エントロピーと微視的な状態数 W とを結び付ける $S = k_\mathrm{B} \ln W$ という公式はボルツマンの原理と呼ばれ,これについては8.5節で学ぶ.ボルツマンの墓碑にはこの関係が彫られている.「この公式はこの墓石が何千年もの歳月によって瓦礫に化するときがきても相変わらず成立しているであろう」というコメントもある.

問題

4.1 $k_\mathrm{B} T$ はエネルギーの次元をもつことを示せ.
4.2 温度は常温として $T = 300 \, \mathrm{K}$ とする.このときの $k_\mathrm{B} T$ は何 J か.

6.4 各種の平均値

● **速度空間** ● 分子の速度分布を考えるとき v_x, v_y, v_z を直交座標軸とするような空間を導入すると便利である．これを**速度空間**という．分子の空間的な分布を問題にしない場合には，(6.25) を r で積分すればよい．その結果，体積 V が現れ $V\rho = N$ の関係を利用すると，速度空間中の $\bm{v} \sim \bm{v} + d\bm{v}$ の範囲内にある分子数は

$$N \left(\frac{m}{2\pi k_\mathrm{B} T}\right)^{3/2} \exp\left(-\frac{mv^2}{2k_\mathrm{B} T}\right) d\bm{v} \tag{6.27}$$

と表される．全体で N 個の分子が存在するので，(6.27) を N で割ると 1 個の分子に対する確率が得られる．すなわち，分子が速度空間中の $\bm{v} \sim \bm{v} + d\bm{v}$ の範囲内に見いだされる確率 $p(\bm{v})d\bm{v}$ は次のように書ける．

$$p(\bm{v})d\bm{v} = \left(\frac{m}{2\pi k_\mathrm{B} T}\right)^{3/2} \exp\left(-\frac{mv^2}{2k_\mathrm{B} T}\right) d\bm{v} \tag{6.28}$$

● **物理量の平均値** ● 物理量が $\bm{v}$ の関数 $g(\bm{v})$ で記述される場合，その平均値は

$$\langle g(\bm{v}) \rangle = \int g(\bm{v}) p(\bm{v}) d\bm{v} \tag{6.29}$$

で与えられる．ただし，積分は全速度空間にわたって行われる．例えば，v^p の平均値 $\langle v^p \rangle$ を考えてみる．ここで，v は気体分子の速さ，また p はさしあたり任意の実数とする．(6.28), (6.29) により $\langle v^p \rangle$ は

$$\langle v^p \rangle = \left(\frac{m}{2\pi k_\mathrm{B} T}\right)^{3/2} \int v^p \exp\left(-\frac{mv^2}{2k_\mathrm{B} T}\right) d\bm{v}$$

と表される．上式中の被積分関数は速度空間の原点に関して球対称である．速度空間で $v \sim v + dv$ の領域（図 6.5 の斜線部分）を考えると球の表面積は $4\pi v^2$ であるから斜線部分の体積は $4\pi v^2 dv$ となる．こうして $\langle v^p \rangle$ は

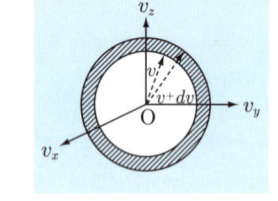

図 6.5 $v \sim v + dv$ の部分

$$\langle v^p \rangle = \left(\frac{m}{2\pi k_\mathrm{B} T}\right)^{3/2} 4\pi \int_0^\infty v^{p+2} \exp\left(-\frac{mv^2}{2k_\mathrm{B} T}\right) dv$$

$$= \frac{2}{\pi^{1/2}} \Gamma\left(\frac{p+3}{2}\right) \left(\frac{2k_\mathrm{B} T}{m}\right)^{p/2} \tag{6.30}$$

と表される（例題 5）．ただし，$\Gamma(s)$ は次式で定義される**ガンマ関数**である．

$$\Gamma(s) = \int_0^\infty x^{s-1} e^{-x} dx \quad (s > 0) \tag{6.31}$$

（上式で $s > 0$ の条件はガンマ関数が収束するために必要である．）

例題 5 — ⟨v^p⟩ の計算

(6.30) の ⟨v^p⟩ に関する結果を導け.

[解答] 積分変数を v から

$$x = \frac{mv^2}{2k_\mathrm{B}T}, \quad v = \left(\frac{2k_\mathrm{B}T}{m}\right)^{1/2} x^{1/2}, \quad dv = \left(\frac{2k_\mathrm{B}T}{m}\right)^{1/2} \frac{x^{-1/2}}{2} dx$$

で与えられる x へと変換する.その結果 ⟨v^p⟩ は

$$\langle v^p \rangle = \left(\frac{m}{2\pi k_\mathrm{B} T}\right)^{3/2} 4\pi \left(\frac{2k_\mathrm{B}T}{m}\right)^{(p+3)/2} \frac{1}{2} \int_0^\infty x^{(p+1)/2} e^{-x} dx$$

$$= \left(\frac{2k_\mathrm{B}T}{m}\right)^{p/2} \frac{2}{\pi^{1/2}} \int_0^\infty x^{(p+1)/2} e^{-x} dx$$

と表される.(6.31) の Γ 関数の定義式の中で $s = (p+3)/2$ とおき,上式と比較すれば (6.30) が導かれる.$s > 0$ が要求されるので $p > -3$ である.

問題

5.1 1 個の分子の速さが $v \sim v + dv$ の範囲内にある確率を $F(v)dv$ とする.
  (a) $F(v)$ を求めその概略を図示せよ.
  (b) $F(v)$ は $v = (2k_\mathrm{B}T/m)^{1/2}$ で最大になることを示せ.

5.2 単原子の理想気体の分子の運動エネルギーが e と $e + de$ との間にあるような確率を $G(e)de$ とする.$G(e)$ を求め,その概略を図示せよ.また,$G(e)$ が最大となるような e の値を計算せよ.

5.3 単原子の理想気体で分子 1 個当たりの運動エネルギーの平均値 ⟨e⟩ は

$$\langle e \rangle = \frac{3k_\mathrm{B}T}{2}$$

で与えられることを証明せよ.

5.4 気体分子に対する次の平均値を求めよ.
  (a) ⟨v⟩   (b) ⟨vv_x^2⟩

5.5 Γ 関数に関する次の性質を証明せよ.
  (a) $\Gamma(s+1) = s\Gamma(s)$
  (b) $\Gamma(n) = (n-1)! \quad (n = 1, 2, 3, \cdots)$

5.6 $s = 1/2$ に対する Γ 関数は適当な変数変換によってガウスの積分に帰着することを示し

$$\Gamma\left(\frac{1}{2}\right) = \pi^{1/2}$$

の関係を証明せよ.

6.5 理想気体の内部エネルギー

● **理想気体の力学的エネルギー** ● 単原子分子の理想気体では分子のもつ内部自由度（分子の回転や振動）や分子間の力は無視できるので，分子の力学的エネルギーは運動エネルギーだけである．そこで分子に適当な番号をつけたとし，j番目の分子の運動エネルギーを$e^{(j)}$と書く．考慮中の気体はN個の分子から構成されるとしているので，気体全体の力学的エネルギーEは

$$E = e^{(1)} + e^{(2)} + \cdots + e^{(N)} \tag{6.32}$$

と書ける．Eの平均値が内部エネルギーUを表し

$$\begin{aligned} U &= \langle E \rangle \\ &= \langle e^{(1)} \rangle + \langle e^{(2)} \rangle + \cdots + \langle e^{(N)} \rangle \end{aligned} \tag{6.33}$$

となる．すなわち，ミクロな力学的エネルギーの平均値がマクロな内部エネルギーである．このような考え方は統計力学でよく使われる．$\langle e^{(j)} \rangle$はjによらず，上式から次の関係

$$U = N \langle e \rangle \tag{6.34}$$

が得られる．

● **分子のエネルギーの平均値** ● 1つの分子の運動エネルギーeは$e = mv^2/2$で与えられ，$\langle e \rangle = (m/2)\langle v^2 \rangle$と書ける．例題6で計算するように

$$\langle v^2 \rangle = \frac{3k_\mathrm{B}T}{m} \tag{6.35}$$

が成り立つ．これから$\langle e \rangle$は

$$\langle e \rangle = \frac{3k_\mathrm{B}T}{2} \tag{6.36}$$

と表される．

● **エネルギー等分配則** ● 気体分子の運動がx, y, z方向で同等であることに注意すると，eは速度のx, y, z成分により$e = (m/2)(v_x^2 + v_y^2 + v_z^2)$と書けるから

$$\left\langle \frac{mv_x^2}{2} \right\rangle = \left\langle \frac{mv_y^2}{2} \right\rangle = \left\langle \frac{mv_z^2}{2} \right\rangle = \frac{k_\mathrm{B}T}{2} \tag{6.37}$$

が導かれる．これからわかるように，気体分子の運動エネルギーの平均値は，1つの自由度当たり$k_\mathrm{B}T/2$ずつ等分に分配される．この結果を**エネルギー等分配則**という．9.2節で示すように，調和振動子の場合，古典統計力学によれば位置エネルギーに対しても1つの自由度当たり$k_\mathrm{B}T/2$のエネルギーが分配される．これもエネルギー等分配則と呼ばれる．

6.5 理想気体の内部エネルギー

─── 例題 6 ─────────────────────── マクスウェルの速度分布則 ───

$\langle v^2 \rangle$ を計算し，(6.35) の結果を確かめよ．

[解答] (6.30)（p.68）の結果で $p=2$ とおけば

$$\langle v^2 \rangle = \frac{2}{\pi^{1/2}} \Gamma\left(\frac{5}{2}\right) \left(\frac{2k_B T}{m}\right)$$

と書ける．問題 5.5(a), 5.6 で述べた Γ 関数の性質を利用すると

$$\Gamma\left(\frac{5}{2}\right) = \frac{3}{2} \Gamma\left(\frac{3}{2}\right) = \frac{3}{2} \cdot \frac{1}{2} \Gamma\left(\frac{1}{2}\right) = \frac{3}{4} \pi^{1/2}$$

となり，上の両式から (6.35) が得られる．

〰〰〰 問　題 〰〰〰〰〰〰〰〰〰〰〰〰〰〰〰〰〰〰〰〰〰〰〰〰〰

6.1 (6.35) の平方根をとり

$$v_t = \left(\frac{3k_B T}{m}\right)^{1/2}$$

で定義される v_t を**熱速度**という．ここで，添字 t は thermal の頭文字をとったものである．20°C における電子の熱速度は何 m/s となるか．

6.2 気体分子の速さの平均値 $\langle v \rangle$ に対して $\langle v \rangle / v_t$ は無次元な量となるはずである．その値を求めよ．

6.3 単原子分子から構成される理想気体の場合，内部エネルギー U は 1 モル当たり $U = 3RT/2$ であることを示し，定積モル比熱 C_V を計算せよ．

6.4 マイヤーの関係 (4.8)（p.36）を利用し，単原子分子の理想気体の定圧モル比熱 C_p と比熱比 γ を求めよ．

6.5 標準状態（1atm，0°C）における気体 Ne の C_V, C_p, γ の実測値は

$$C_V = 12.99 \, \text{J} \cdot \text{mol}^{-1} \cdot \text{K}^{-1}, \quad C_p = 21.29 \, \text{J} \cdot \text{mol}^{-1} \cdot \text{K}^{-1}, \quad \gamma = 1.64$$

である．この結果を理論値と比べよ．

6.6 常温を考えると，例えば 2 原子分子（H_2, O_2, CO など）から構成される理想気体では原子間の距離は一定としてよい．分子の回転や振動の 1 つの自由度当たりに $k_B T/2$ のエネルギーが分配されているとし内部エネルギーを求めよ．

6.7 一般に多原子分子の理想気体では 1 つの運動の自由度当たり $k_B T/2$ のエネルギーが分配される．1 つの分子の自由度を f としたとき，比熱比は $\gamma = (f+2)/f$ で与えられることを証明せよ．

6.8 3 原子分子の運動の自由度 f は一般的には $f = 6$，もし 3 原子が一直線上にある場合には $f = 5$ であることを示せ．ただし，各原子間の距離は一定であると仮定する．

7 統計力学の基本的な考え方

7.1 解析力学入門

● **解析力学の初歩** ● 前章で述べた分子運動論は，例えば分子が回転するときとか分子間に力が働くような場合に適用することはできない．そのような一般的な体系を扱うのが統計力学で，話の順序として解析力学の初歩を学んでいく．

● **一般座標と一般運動量** ● 運動の自由度を f とし，各粒子の位置を決める座標（直交座標とは限らない）を $q_1, q_2, \cdots, q_f$ とする．このような座標を**一般座標**という．体系の全運動エネルギーを K，全位置エネルギーを U としたとき

$$L = K - U \tag{7.1}$$

の L を**ラグランジアン**という．L は $q_1, q_2, \cdots, q_f$ および $\dot{q}_1, \dot{q}_2, \cdots, \dot{q}_f$ の関数である．ここで，上に付けた点は時間 t に関する微分を意味する．また

$$p_j = \frac{\partial L}{\partial \dot{q}_j} \tag{7.2}$$

の p_j を q_j に共役な**一般運動量**という．さらに

$$H(q, p) = \sum_j p_j \dot{q}_j - L \tag{7.3}$$

とおく．すなわち，上式右辺を $q_1, q_2, \cdots, q_f, p_1, p_2, \cdots, p_f$ の関数として表したものを H と書きこれを**ハミルトニアン**という．

● **ハミルトンの正準運動方程式** ● $q_1, q_2, \cdots, q_f, p_1, p_2, \cdots, p_f$ に対する運動方程式は

$$\frac{dq_j}{dt} = \frac{\partial H}{\partial p_j}, \quad \frac{dp_j}{dt} = -\frac{\partial H}{\partial q_j} \tag{7.4}$$

と書ける．上式を**ハミルトンの正準運動方程式**という．

● **ハミルトニアンと力学的なエネルギー** ● 1つの粒子の運動エネルギーはその粒子の速度の2乗に比例するが，これを一般化すると，系全体の運動エネルギー K は

$$K = \frac{1}{2} \sum_{jk} a_{jk} \dot{q}_j \dot{q}_k \tag{7.5}$$

という $\dot{q}_1, \dot{q}_2, \cdots, \dot{q}_f$ の2次形式で表される（問題 1.2）．ただし，(7.5) に現れる係数 a_{jk} には $a_{jk} = a_{kj}$ の対称性が成立する．通常，a_{jk} は $q_1, q_2, \cdots, q_f$ の関数で $\dot{q}_1, \dot{q}_2, \cdots, \dot{q}_f$ に依存しない．このような前提でハミルトニアンは系全体の力学的エネルギーに等しいことが示される（例題 1）．

7.1 解析力学入門

例題 1 ─────────── ハミルトニアンと力学的エネルギー ──

K が (7.5) のように書けるとき，ハミルトニアンは体系の全力学的エネルギー E と等しいことを証明せよ．ただし，U は $\dot{q}_1, \dot{q}_2, \cdots, \dot{q}_f$ によらないとする．

[解答] (7.5) を $\dot{q}_j$ で偏微分し，a_{jk} の対称性を利用すると

$$p_j = \frac{\partial L}{\partial \dot{q}_j} = \frac{\partial K}{\partial \dot{q}_j} = \frac{1}{2}\sum_k a_{jk}\dot{q}_k + \frac{1}{2}\sum_k a_{kj}\dot{q}_k = \sum_k a_{jk}\dot{q}_k$$

となる．これを (7.3) に代入すれば次のようになる．

$$H = \sum_{jk} a_{jk}\dot{q}_j\dot{q}_k - L = 2K - (K - U) = K + U = E$$

問題

1.1 O を原点とする x 軸上を運動する質量 m の質点を考え，その座標を x とする．質点に力 $-m\omega^2 x$ が働くと質点は原点 O を中心とする**角振動数** ω の**単振動（調和振動）**を行う．この体系を **1 次元調和振動子**という．以下の問に答えよ．

　(a) 1 次元調和振動子の力学的エネルギー e は

$$e = \frac{p^2}{2m} + \frac{m\omega^2 x^2}{2}$$

と書ける．e は時間によらない定数であることを示せ．

　(b) 質点の x 座標を一般座標とみなし，1 次元調和振動子のラグランジアン，ハミルトニアンを求めよ．

　(c) ハミルトンの正準運動方程式からニュートンの運動方程式を導け．

1.2 各粒子の位置ベクトルを一般座標で表す表式中に t が含まれないとして，(7.5) を導け．

1.3 ハミルトニアン $H(q,p)$ が時間 t を含まない場合，ハミルトンの正準運動方程式を使って $H(q,p)$ は時間によらない定数であることを示し，力学的エネルギー保存則を確かめよ．

1.4 一様な重力場で運動する質量 m の粒子に対するラグランジアン，ハミルトニアンを導け．ただし，鉛直上向きに x 軸をとり，重力加速度を g とする．

1.5 F は $q_1, q_2, \cdots, q_f, p_1, p_2, \cdots, p_f$ の任意関数で，ハミルトニアン H があらわに t に依存しないとき $dF/dt = (F, H)$ であることを示せ．ただし，u と v が $q_1, q_2, \cdots, q_f, p_1, p_2, \cdots, p_f$ の任意関数のとき**ポアソン括弧**は

$$(u, v) = \sum_j \left(\frac{\partial u}{\partial q_j}\frac{\partial v}{\partial p_j} - \frac{\partial u}{\partial p_j}\frac{\partial v}{\partial q_j} \right)$$

で定義される．

7.2 位相空間

● **1次元調和振動子** ● 1次元の体系の運動状態を記述するには，ある瞬間における x, p を指定すればよい．一般に，位置と運動量とを座標とする空間（いまの場合は平面）を**位相空間**または **μ 空間**という．ここで考える位相空間は1個の粒子に対するもので，molecule という意味で μ 空間と呼ばれる．問題 1.1 で論じた1次元調和振動子で e は一定であるから，μ 空間内の軌道は楕円となる（図 7.1）．$p > 0$ なら $\dot{x} > 0$，$p < 0$ なら $\dot{x} < 0$ となり，時間が経つにつれ，xp 面上の点は，図 7.1 で示した軌道上を矢印の向きに運動する．このような点は1次元調和振動子の運動状態を代表するので**代表点**と呼ばれる．e の値を指定すると代表点はそれに相当する楕円上を運動する．e を変えるとそれに伴って楕円の形も変わる．

● **箱中の自由粒子** ● 一辺の長さ L の立方体の箱の中で運動する自由粒子（質量 m）があるとする．このような粒子の運動状態を決めるには x, y, z, p_x, p_y, p_z という6個の変数を指定しなければならない．この場合，位相空間は6次元空間となる．しかし，x, y, z 方向の運動は独立であるから，$(x, p_x), (y, p_y), (z, p_z)$ というペアに分けて考えることができる．例えば，x と p_x のペアをとるとこの位相空間中の代表点の軌道は図 7.2 のように表される．粒子には壁との衝突以外，力は働かないと考えるので，$0 < x < L$ で p_x は定数である．図の点 A から出発した代表点は $p_x > 0$ なので x 軸と平行に右向きに運動し $x = L$ で点 B に達する．ここで壁と衝突し，p_x は大きさを変えず符号が逆転し B → C と代表点は移動する．点 C では $p_x < 0$ であるから代表点は左向きに運動し，D に達した後，D → A と変位し以後 A → B → C → D → A という一種の周期運動を繰り返し，その軌道は図 7.2 のような長方形で記述される．$(y, p_y), (z, p_z)$ というペアも同じような運動で表される．

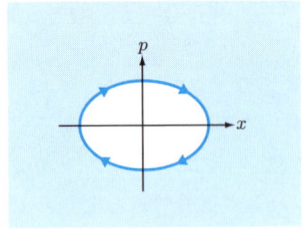

図 7.1 1次元調和振動子の位相空間

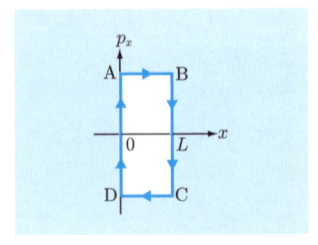

図 7.2 箱中の自由粒子の位相空間

7.2 位相空間

---**例題 2**---代表点の描く軌道が囲む領域の面積---

図 7.1 に示した 1 次元調和振動子の代表点が描く楕円の面積 S を求めよ.

[解答] xy 面上の楕円は

$$\frac{x^2}{a^2} + \frac{y^2}{b^2} = 1$$

で記述されるが,その面積 S は πab と表される.1 次元調和振動子の位相空間中の軌道は問題 1.1(a) の方程式で与えられるが,図 7.3 を参考にすれば S は

$$S = \pi\sqrt{2me}\sqrt{\frac{2e}{m\omega^2}} = \pi\frac{2e}{\omega}$$

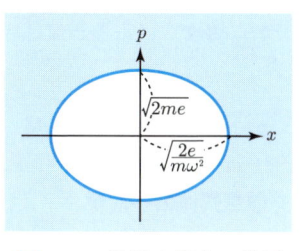

図 7.3　位相空間中の楕円

と計算される.

[参考] **一般の位相空間**　自由度 f の体系の運動状態を決めるには $2f$ 個の一般座標,一般運動量

$$q_1, q_2, \cdots, q_f, p_1, p_2, \cdots, p_f$$

を指定すればよい.以上の変数を直交座標とするような $2f$ 次元の空間が一般的な位相空間である.この空間中の 1 点を決めれば注目している体系の運動状態(座標と運動量)が完全に指定される.このような点を前と同じく代表点という.1 個の粒子の位相空間を μ 空間というのに対し系全体を記述する位相空間を Γ 空間という.Γ は気体 (gas) を意味する記号である.

問　題

2.1 1 次元の粒子の運動が図 7.2 で示すような軌道で記述されるとする.粒子の質量を m,力学的エネルギーを e とするとき,この軌道内の面積はどのように表されるか.

2.2 N 個の 1 次元調和振動子の状態を決めるにはどのような位相空間を導入すればよいか.

2.3 立方体の箱中にある単原子分子の理想気体を考える.この体系の Γ 空間に対する以下の問に答えよ.
   (a) Γ 空間はどのようになるか.
   (b) Γ 空間は何次元か.

2.4 Γ 空間中の代表点は力学の法則に従って運動しある種の軌道を描く.この軌道は決して交わらないことを示せ.

7.3 ほとんど独立な粒子の集まり

- **理想気体の力学的エネルギー** ● (6.32)（p.70）で述べたように，N 個の単原子分子から構成される理想気体の場合，系全体の力学的エネルギー E は

$$E = e^{(1)} + e^{(2)} + \cdots + e^{(N)} \tag{7.6}$$

と書ける．このときの e は 1 個の分子の運動エネルギーで分子の質量，運動量をそれぞれ m, p とすれば，e は $e = p^2/2m$ と表される．

- **理想気体の一般化** ● 以上の理想気体という概念を一般化し，N 個の粒子の集団があり，全系の力学的エネルギーは (7.6) のように書けると仮定する．例えば，1 つの具体的な例として，同じ角振動数をもつ 1 次元調和振動子の集まりを想定する．このような系は固体の格子振動を記述するため 1907 年にアインシュタインが導入したもので，アインシュタイン模型と呼ばれる．

- **1 次元調和振動子の集まり** ● 統計力学の基本的な概念を考察するため，前述の 1 次元調和振動子の集まりを例として考えよう．系全体の力学的エネルギーは (7.6) のように各粒子のエネルギーの和として書けるが，各振動子はまったく独立ではなく，わずかな相互作用により互いにそのエネルギーを交換するものとする．しかし，系全体のエネルギー E は各振動子のエネルギーの和で与えられるとし，(7.6) が成り立つと仮定する．逆にいえば，それくらい相互作用は弱いと仮定するのである．

- **μ 空間内の軌道** ● 各振動子が完全に独立であれば，それぞれの代表点はその μ 空間内で一定のエネルギーに対する図 7.1 の楕円上を運動する．しかし，わずかでも相互作用があれば，e は一定ではなく時間の関数となる．この場合，相互作用が十分小さければ，代表点は近似的に楕円軌道を描くと期待される．このため μ 空間内の軌道は図 7.4 に示すように，楕円の崩れたものになると考えられる．

- **μ 空間での分布** ● ここで N 個の振動子を表す点を同一の μ 空間に表示したとする（図 7.5）．ある時刻において，μ 空間内の点 $\mathrm{P}(x,p)$ 近傍の微小体積 $dxdp$ 内に含まれる点の数を n とする．$dxdp$ は実際には面積であるが，後の話と合わせるため体積という用語を使う．ただし，$dxdp$ は十分小さくそこでの e はほぼ一定であるとみなす．そうすると

$$p(x,p)dxdp = \frac{n}{N} \tag{7.7}$$

という量は 1 つの振動子の状態が μ 空間内の x,p という点近傍の微小体積 $dxdp$ 中に見いだされる確率を表すと考えられる．統計力学の目的の一つは，このような確率を求めることである．

7.3 ほとんど独立な粒子の集まり

── 例題 3 ────────────────── 分子運動論における確率分布 ──
分子運動論を使うと,理想気体の場合 (7.7) の確率はどのように表されるか.

[解答] 一辺の長さ L の立方体の容器内で N 個の自由粒子が運動しているような単原子分子気体の理想気体の体系を考える.この容器の体積 V は $V = L^3$ で与えられる.1 個の粒子に対する μ 空間は 6 次元空間であるが,空間内の $d\boldsymbol{r}d\boldsymbol{p}$ 中に含まれる分子数は (6.12)(p.61)により $A\exp(-\alpha v^2)d\boldsymbol{r}d\boldsymbol{p}/m^3$ となる.ただし,$\boldsymbol{p} = m\boldsymbol{v}$ の関係に注意し $d\boldsymbol{v} = d\boldsymbol{p}/m^3$ を用いた.上式を N で割れば,1 個の分子が微小体積 $d\boldsymbol{r}d\boldsymbol{p}$ 中に入る確率が求まる.(6.24)(p.66)を代入し $\rho = N/V$ であることとボルツマン因子を利用すると確率は

$$p(\boldsymbol{r},\boldsymbol{p})d\boldsymbol{r}d\boldsymbol{p} = \frac{1}{Vm^3}\left(\frac{m}{2\pi k_\mathrm{B}T}\right)^{3/2} e^{-\beta e} d\boldsymbol{r}d\boldsymbol{p}$$

と書ける.

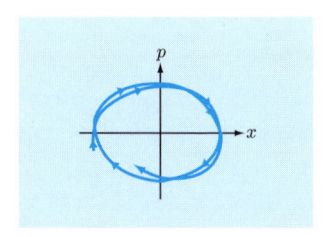

図 7.4 μ 空間内の軌道 図 7.5 μ 空間内の N 個の点

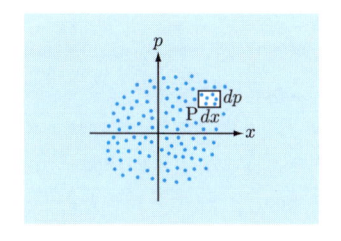

問題

3.1 例題 3 で論じた確率は規格化されていることを確かめよ.すなわち,$p(\boldsymbol{r},\boldsymbol{p})$ を通常の空間で積分し,全運動量空間で積分した結果

$$\int d\boldsymbol{p} \frac{1}{m^3}\left(\frac{m}{2\pi k_\mathrm{B}T}\right)^{3/2} e^{-\beta e} = 1$$

が成り立つことを証明せよ.

3.2 分子が運動量空間中の $\boldsymbol{p} \sim \boldsymbol{p}+d\boldsymbol{p}$ の範囲内に見いだされる確率 $p(\boldsymbol{p})d\boldsymbol{p}$ は

$$p(\boldsymbol{p})d\boldsymbol{p} = \frac{1}{m^3}\left(\frac{m}{2\pi k_\mathrm{B}T}\right)^{3/2} \exp\left(-\beta \frac{p^2}{2m}\right) d\boldsymbol{p}$$

と書けることを示し,(6.28)(p.68)との関係について論じよ.

3.3 例題 3 の結果を一般化し,1 分子のエネルギーが $e = \boldsymbol{p}^2/2m + U(\boldsymbol{r})$ と書ける場合,$p(\boldsymbol{r},\boldsymbol{p})d\boldsymbol{r}d\boldsymbol{p}$ はどのようになると期待されるか.

7.4 エルゴード仮説

● **小正準集団** ●　(7.7)（p.76）の確率を求める際，系全体のエネルギー E は与えられているとする．しかし，系はまわりのものとわずかではあるがエネルギーを交換するので，エネルギーの小さな範囲をとり，その範囲内に系があると考えるのが適当である．そこで，系全体のエネルギーは E と $E+\Delta E$ との間にあると仮定しよう．ただし，ΔE は E に比べ十分小さいとする．このような性質をもつほとんど独立な粒子の集まりを一般に**小正準集団**という．ここで系全体のハミルトニアンを

$$H(q_1, q_2, \cdots, q_f, p_1, p_2, \cdots, p_f)$$

とする．q, p は直交座標に限らず一般座標，一般運動量とする．f は運動の自由度で，もし束縛条件がなければ $f = 3N$ であるが r 個の束縛条件が課せられているときには $f = 3N - r$ と書ける．前述の仮定により Γ 空間内の代表点は

$$E \leqq H(q_1, q_2, \cdots, q_f, p_1, p_2, \cdots, p_f) \leqq E + \Delta E \tag{7.8}$$

を満たす領域の中で運動する．問題 2.4（p.75）からわかるように代表点の軌道は交わることはない．$H = E$ あるいは $H = E + \Delta E$ は，それぞれ Γ 空間中の超曲面を与える．このような多次元の空間を図示することはできないが，概念的にこれらを表したのが図 7.6 である．代表点は，この 2 つの超曲面で挟まれた領域内を交わることなく運動する．

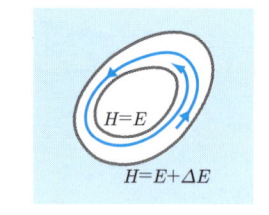

図 7.6　超曲面の概念図

● **エルゴード仮説** ●　代表点に関する 1 つの仮説として代表点は上の領域の各部分を一様に巡り歩くと仮定する．もう少し正確にいうと，上の領域内の等しい体積内に代表点が入る確率は，その体積がどこにあるかにかかわらず等しい，と仮定する．これが統計力学における基本的な仮定で，**エルゴード仮説**と呼ばれる．十分長い時間 T を考えたとき，代表点の軌道がある体積内にある時間を t とすれば t/T は体系がその体積内の状態をとる確率とみなされる．上でいう確率はこのようなものと理解してよい．エルゴード仮説については，数学的にいろいろ問題があるが，ここでは詳細に立ち入らない．例題 4 にエルゴード仮説に対する 1 つのモデルであるワイルの玉突きを紹介したのでそれを参考にしてほしい．なおエルゴードという言葉はそれぞれエネルギー，道を意味するギリシア語のエルグ，オドスに由来する．以下，エルゴード仮説を認めることにして話を進める．

7.4 エルゴード仮説

例題 4 ─ ワイルの玉突き

ワイル (1885-1955, ドイツの数学者) はエルゴード仮説の本質をある程度とらえるモデルして次のような例を考えた. 図 7.7 の正方形の玉突き台の一辺の中点から角度 θ の方向に玉を突いたとする. 玉は壁と衝突するが, 光が鏡で反射されるときと同じ反射の法則に従って玉は反射されるとし, $\theta = 45°$ のとき, $\tan\theta = 3/2$ のときの玉の軌道を求めよ.

図 7.7 ワイルの玉突き

[解答] $\theta = 45°$ のとき図 7.8(a) に示すように, 玉は壁に 3 回ぶつかり再びもとの位置に戻り, それ以後同じ運動を繰り返す. この場合エルゴード仮説は成り立たない. $\tan\theta = 3/2$ のときには (b) のように玉は壁に 9 回ぶつかり 10 回目にもとに戻る. この場合にもエルゴード仮説は成り立たない.

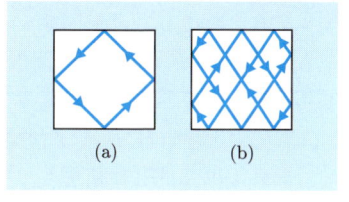

図 7.8 玉と壁との衝突

[参考] **ワイルの玉突きのエルゴード性** 上の例題で一般に $\tan\theta$ が有理数だと, 軌道の様子は上記のものと本質的に同じでエルゴード仮説は成立しない. しかし, $\tan\theta$ が無理数だと事情は一変する. このときにはどんなに衝突を繰り返しても決して玉はもとの出発点に戻らない. そうして軌道は玉突き台の内部を埋めつくし, その結果エルゴード仮説が成り立つことになる. ところで, 有理数と無理数を比べると, 圧倒的に後者の方が数が多い. 有理数の集合は可算的で番号をつけることができるが, 無理数の集合は不可算的で, 文字通り無理数は数え切れない (問題 4.1). 一般の体系でも, 上述の状況と同様, ごく少数の出発点についてはエルゴード仮説は成り立たないが, 圧倒的に多数の出発点に対してエルゴード仮説が成り立つと考えられている. なおワイルの玉突きに興味のある読者は伏見康治編「量子統計力学」共立出版 (1967) を参照せよ.

問 題

4.1 有理数, 無理数全体を合わせて, 実数という. 実数の集合は不可算的であることを証明せよ.

4.2 同一の角振動数をもつ 1 次元調和振動子の集まりで, もし各振動子が完全に独立であればエルゴード仮説は成り立たないことを示せ.

8 マクスウェル-ボルツマン分布

8.1 位相空間の分割

- **Γ 空間と確率** 調和振動子の集まりを考え、エルゴード仮説が成り立つとして系全体の代表点の軌道を Γ 空間内で長時間 T にわたって観測したとする。個々の振動子はそれぞれの μ 空間で図 7.4 のような軌道を描くが、全体としてみると、系全体の代表点は E と $E+\Delta E$ との間の領域を一様に巡っていく。そこで、上記の領域内で同じ体積をもつ部分 1, 2 を想定する（図 8.1）。7.4 節で述べたように、代表点が部分 1, 2 に滞在する時間 t_1, t_2 とすれば $t_1/T, t_2/T$ はそれぞれ部分 1, 2 が実現する確率を表す。部分 1, 2 は同じ体積をもつとしたので、両者の確率は同じで、結局ある状態が実現する確率はその状態に対応する Γ 空間の体積に比例する。Γ 空間内のある部分が力学の法則に従い運動するときその部分の体積は変わらないことが証明されている。

- **μ 空間の分割** 上記の確率を議論するため、μ 空間を一定の大きさ a の微小体積（面積）に分割したとする（図 8.2）。便宜上、この微小部分を以下細胞と呼ぶ。a の大きさは古典力学ではいくらでも小さくとれるが、量子力学の不確定性関係 $\Delta x \Delta p \simeq h$（$h$ はプランク定数）を考慮すると、h の程度にとるのが妥当である。しかし、a のとり方はあまり本質的ではないので、以下の議論では適当に小さいとだけ仮定しておく。ただし、a は図 7.5 (p.76) の $dxdp$ よりは十分小さいとする。そこで、$dxdp$ 中の細胞の数は $dxdp/a$ で与えられる。

- **Γ 空間の分割** 図 8.2 のように、μ 空間を細胞（図の斜線部分）で分割したとし、これらの細胞に適当な通し番号 $1, 2, 3, \cdots$ をつけたとする。また、そこでのエネルギーを $e_1, e_2, e_3, \cdots$ としよう。このような分割はどの振動子についても同じようにでき、この分割に対応する Γ 空間内の体積は a^N となる（問題 1.1）。

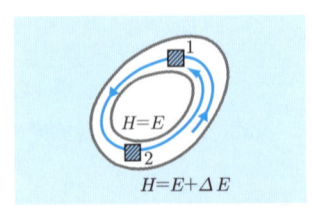

図 8.1　代表点の滞在確率

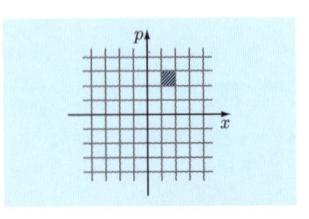

図 8.2　μ 空間の分割

8.1 位相空間の分割

例題 1 ━━━━━━━━━━━━━━━━━━━━━━━━━━━━ 配置数 ━

N 個の振動子の内，1 番目の細胞に n_1 個，2 番目の細胞に n_2 個，$\cdots$，i 番目の細胞に n_i 個，$\cdots$ 入っていると仮定する．$n_1, n_2, \cdots, n_i, \cdots$ を固定したとき，このような状態が実現する場合の数を W とし，この W を**配置数**という．配置数を求めよ．

[解答] N 個の振動子を，重複を考慮せず細胞に配置する仕方は $N!$ 通りある．しかし，1 番目の細胞内での配置換え $n_1!$ 通り，$\cdots$，i 番目の細胞内での配置換え $n_i!$ 通り，$\cdots$ の重複があるので，W は次のように計算される．

$$W = \frac{N!}{n_1! n_2! \cdots n_i! \cdots}$$

━━━━━━━━━━━━━━━ 問 題 ━━━━━━━━━━━━━━━

1.1 μ 空間を体積 a の細胞に分割したとき，これに対応する Γ 空間の体積は a^N であることを証明せよ．

1.2 4 個の振動子 $1, 2, 3, 4$ を考え，1 番目の細胞 (1) に 2 個，2 番目の細胞 (2) に 2 個配置させるとする．可能な配置数は何通りか．

1.3 問題 1.2 で扱った配置を Γ 空間で表すとどのようになるか．定性的な図を用いて説明せよ．

═══════════════════ **順列と組合せ** ═══════════════════

　順列と組合せは代数学の基礎事項である．筆者が高等学校で代数学を学んだときの教科書は末綱恕一，荒又秀夫著「代数学」(冨山房，1939) という著書だが，その第 1 章は順列，組合せであった．統計力学の分野は組合せの理論と縁が深い．本書ではあまり取り上げなかったが，量子統計でのフェルミ統計，ボース統計での議論は組合せの話と密接に関係している．また 9.5 節で述べるイジング模型の厳密解を求めるのは基本的に組合せの計算をいかに実行するかという問題に帰着する．

　異なる n 個のものから r 個選びそれを並べる順列の数を $_n\mathrm{P}_r$ と表す．P の記号は順列の英語名 Permutation の略である．最初のものの選び方は n 通り，2 番目の選び方は $(n-1)$ 通り，$\cdots$，r 番目の選び方は $(n-r+1)$ 通りであるから

$$_n\mathrm{P}_r = n(n-1)\cdots(n-r+1)$$

となる．特に $_n\mathrm{P}_n = n!$ である．異なる n 個のものから r 個のものを選ぶ組合せの数を $_n\mathrm{C}_r$ と書く．C は Combination の略である．一般に

$$_n\mathrm{C}_r = \frac{n!}{r!(n-r)!}$$

と書ける．問題 1.2 の配置数は $_4\mathrm{C}_2$ と表される．

8.2 最大確率の分布

● **W の最大化** ●　問題 1.1 で学んだように 1 つの配置は Γ 空間中での a^N の体積に相当する．したがって，$n_1, n_2, n_3, \cdots$ を固定したとき，全部の配置に対応する Γ 空間内の体積は Wa^N となる．W は熱平衡の場合には最大になっていると仮定しよう．例題 1 で求めた W の自然対数をとると，対数の性質を利用して

$$\ln W = \ln N! - \sum_i \ln n_i! \tag{8.1}$$

であるが，W を最大にする代わりに $\ln W$ を最大にしてもよい．実際は $N \to \infty$ の極限をとるので n_i は 1 に比べ十分大きいと仮定する．

● **スターリングの公式** ●　M が十分大きな正の整数のとき

$$\ln M! \simeq M(\ln M - 1) \tag{8.2}$$

の近似式が成り立つ（例題 2）．これを**スターリングの公式**といい，統計力学の議論では欠かせない公式である．(8.1) にスターリングの公式を適用すると

$$\ln W = N(\ln N - 1) - \sum_i n_i(\ln n_i - 1) = N \ln N - \sum_i n_i \ln n_i \tag{8.3}$$

が得られる．ただし，次の関係を利用した．

$$\sum_i n_i = N \tag{8.4}$$

i 番目の細胞中の振動子の数が n_i で，それをすべての可能な i について加えると当然振動子全体の数 N に等しくなる．これを表したのが (8.4) である．

● **最大確率の分布** ●　W が最大であれば (8.3) で $n_i \to n_i + \delta n_i$ の変分をとったとき，$\ln W$ の 1 次の変分は 0 となる．(8.3) での変分をとると $N \ln N$ は一定であるから

$$\delta(\ln W) = -\sum_i (n_i + \delta n_i) \ln(n_i + \delta n_i) + \sum_i n_i \ln n_i \tag{8.5}$$

と書ける．ここで δn_i の 1 次までを考慮すると（問題 2.1）

$$\delta(\ln W) = -\sum_i (\ln n_i + 1) \delta n_i \tag{8.6}$$

が得られる．(8.4) で N は一定とするので

$$\sum_i \delta n_i = 0 \tag{8.7}$$

が成り立ち，(8.6) から 1 次の変分が 0 という条件は

$$\sum_i \ln n_i \delta n_i = 0 \tag{8.8}$$

と表される．いまの問題では n_i はすべてが独立ではなく制限が課せられている．このような条件付きの極値の問題にはラグランジュの未定乗数法が便利である．

8.2 最大確率の分布

● **ラグランジュの未定乗数法** ● もし，すべての n_i が独立であればすべての δn_i も独立となる．しかし，実際にはすべての δn_i は互いに独立ではなく，(8.7) のような条件が課せられている．同様に，$E \gg \Delta E$ として ΔE を無視すれば，系全体のエネルギーは一定としているので

$$\sum_i e_i n_i = E, \qquad \therefore \quad \sum_i e_i \delta n_i = 0 \tag{8.9}$$

となる．結局いまの場合 δn_i は (8.7), (8.9) の 2 つの条件を満たす必要がある．このような条件付きの極値の問題にはラグランジュの未定乗数法を使うのが便利で，α, β を適当な定数として

$$\sum_i (\ln n_i + \alpha + \beta e_i) \delta n_i = 0 \tag{8.10}$$

とすれば形式上 δn_i は独立と考えて n_i を決めることができる．

参考 **条件つきの極値問題** 変数 x, y の関数 $g(x, y)$ に対し $g(x, y) = $ 一定 という条件が課せられているとする．このとき，関数 $f(x, y)$ を極値にする問題を考える．x, y に変分を与えれば f が極値という条件は

$$\delta f = \frac{\partial f}{\partial x} \delta x + \frac{\partial f}{\partial y} \delta y = 0$$

と書ける．x, y の変分は独立ではなく，$g(x, y) = $ 一定 の条件に従うため

$$\frac{\partial g}{\partial x} \delta x + \frac{\partial g}{\partial y} \delta y = 0$$

が成り立つ．極値を求めるには，上の 2 つの連立方程式を解けばよい．このため下式に未定乗数 λ を掛けて上式に加える．λ をラグランジュの未定乗数という．このような操作の結果

$$\left(\frac{\partial f}{\partial x} + \lambda \frac{\partial g}{\partial x} \right) \delta x + \left(\frac{\partial f}{\partial y} + \lambda \frac{\partial g}{\partial y} \right) \delta y = 0$$

が得られる．ここで，δx の係数が 0 になるよう λ を決めたとする．すなわち

$$\frac{\partial f}{\partial x} + \lambda \frac{\partial g}{\partial x} = 0$$

とする．その結果

$$\left(\frac{\partial f}{\partial y} + \lambda \frac{\partial g}{\partial y} \right) \delta y = 0$$

が得られ，δy は独立に変えられるので $\delta y \neq 0$ と仮定でき

$$\frac{\partial f}{\partial y} + \lambda \frac{\partial g}{\partial y} = 0$$

でなければならない．ラグランジュの方法を使うと結果が上式のように x, y に関し対称になるという利点がある．いまのように，(8.7), (8.9) の 2 つの条件を満たす必要がある場合には 2 つのラグランジュの未定乗数を導入すればよい．

───例題 2─────────────────────────── スターリングの公式 ───

スターリングの公式 (8.2) (p.82) を導け.

[解答] $\ln M!$ は

$$\ln M! = \ln(1 \cdot 2 \cdot 3 \cdots M) = \ln 1 + \ln 2 + \ln 3 + \cdots + \ln M$$

と表されるから，図 8.3 のように，$\ln x$ を x の関数として図示したとき，例えば $\ln 10!$ は図に示した長方形の面積の和に等しい．ここで $\ln 1 = 0$ が成り立つことに注意しておこう．上の総面積は，$1 \leq x \leq 10$ における図の曲線と x 軸に挟まれた部分の面積に近似的に等しいと考えられる．これからわかるように，M が十分大きいと

$$\ln M! \simeq \int_1^M \ln x \, dx \simeq M(\ln M - 1)$$

と計算され，スターリングの公式が導かれる.

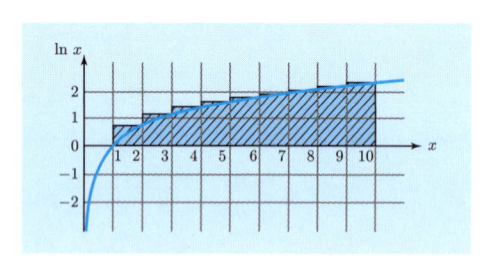

図 8.3　x と $\ln x$ の関係

～～～ **問　題** ～～～

2.1　δn_i の 1 次まで考慮し (8.6) の関係を導出せよ．

2.2　$x + y = a$ という条件下で（a は定数）

$$f(x, y) = x^2 + y^2$$

を極値にするという問題を次の 2 つの方法で解き，両者は同じ結果となることを確かめよ．
　(a)　$x + y = a$ から y を求め，これを $f(x, y)$ に代入すると，f は x だけの関数となる．この関数を極値にする．
　(b)　ラグランジュの未定乗数法を適用する．

2.3　熱平衡状態の n_i に対して，実際 $\ln W$ が極値であることを示し，かつ $\ln W$ は単に極値をとるだけでなく，最大になっていることを証明せよ．

2.4　$M = 20$ のとき，$20! = 2.4329 \cdots \times 10^{18}$，$\ln 20! = 42.34$ である．スターリングの公式を適用したときの誤差は何％か．

8.3 マクスウェル-ボルツマン分布

• **n_i に対する表式** • ラグランジュの未定乗数法を利用するとすべての δn_i は独立とみなせるので (8.10)（p.83）から

$$\ln n_i + \alpha + \beta e_i = 0 \tag{8.11}$$

が得られる．(8.11) を使うと n_i は

$$n_i = \exp(-\alpha - \beta e_i) \tag{8.12}$$

と求まる．ここで

$$e^{-\alpha} = \frac{N}{f} \tag{8.13}$$

で f を定義すると，n_i は次のように表される．

$$n_i = \frac{N}{f} \exp(-\beta e_i) \tag{8.14}$$

• **マクスウェル-ボルツマン分布則** • (8.14) で全体の振動子の数が N，i 番目の細胞中の振動子の数が n_i であるから

$$p_i = \frac{1}{f} \exp(-\beta e_i) \tag{8.15}$$

の p_i は 1 つの振動子が i 番目の細胞の状態をとる確率である．これは $\exp(-\beta e_i)$ に比例するが，この因子は 6.3 節で述べたボルツマン因子に等しい．よって，(6.26)（p.66）により β は

$$\beta = \frac{1}{k_\mathrm{B} T} \tag{8.16}$$

であることがわかる．これを (8.15) に代入すると

$$p_i = \frac{1}{f} \exp\left(-\frac{e_i}{k_\mathrm{B} T}\right) \tag{8.17}$$

が得られる．これを**マクスウェル-ボルツマン分布則**，またこのような分布を**マクスウェル-ボルツマン分布**という．これまで調和振動子を考えたが，同様な結果はほとんど独立な粒子の集まりに対し一般的に成立する．1 つの粒子に対する μ 空間は直交座標に限らず，一般的な座標とそれに共役な運動量から構成されているとしてよい．μ 空間内のある領域は一定時間後に他の領域に運動するが，その体積は変わらないという不変性が成り立つ．ほとんど独立な粒子の集まりの $\varGamma$ 空間は各粒子の μ 空間の積で，体積の不変性は μ 空間でも $\varGamma$ 空間でも成立する．$\varGamma$ 空間での体積の不変性については 8.1 節でも触れたが，この不変性のため一般的な系でもいまの分布が導かれる．

―― 例題 3 ――――――――――――――――― マクスウェル-ボルツマン分布の例 ――

1粒子に対するハミルトニアン H が

$$H = \frac{\mathbf{p}^2}{2m} + U(\mathbf{r})$$

で与えられるとする（m は粒子の質量，$U(\mathbf{r})$ は粒子に働くポテンシャル）．粒子が μ 空間の微小体積 $d\mathbf{r}d\mathbf{p}$ 中に見いだされる確率 $p(\mathbf{r},\mathbf{p})d\mathbf{r}d\mathbf{p}$ を求めよ．

[解答] μ 空間（6次元）中の $\mathbf{r}, \mathbf{p}$ で記述される点での力学的エネルギーは上式で与えられる．この事情は第7章の問題3.3 (p.77) と同様である．μ 空間を体積 a の細胞に分けると，微小体積 $d\mathbf{r}d\mathbf{p}$ 中の細胞の数は $d\mathbf{r}d\mathbf{p}/a$ となる．粒子が1つの細胞中に入る確率は (8.17) で与えられる．したがって，$d\mathbf{r}d\mathbf{p}$ 中に粒子が見いだされる確率はいまの確率と細胞の数との掛け算を行い

$$p(\mathbf{r},\mathbf{p})d\mathbf{r}d\mathbf{p} = \frac{1}{af}\exp(-\beta e)d\mathbf{r}d\mathbf{p}$$

と表される．ただし，ハミルトニアン H を e と書いた．

問題

3.1 (8.14) の表式を利用し，全体の振動子の数が N，全体のエネルギーが E という条件を求めよ．

3.2 例題3の $p(\mathbf{r},\mathbf{p})d\mathbf{r}d\mathbf{p}$ に N を掛けると $\mathbf{r} \sim \mathbf{r}+d\mathbf{r}, \mathbf{p} \sim \mathbf{p}+d\mathbf{p}$ という範囲内の粒子数に等しくなる．この事実を利用し $\mathbf{r}$ という場所での数密度を $\rho(\mathbf{r})$ とすれば

$$\rho(\mathbf{r}) = N\int p(\mathbf{r},\mathbf{p})d\mathbf{p}$$

と書けることを示せ．

3.3 図8.4のように，断面積 S，高さ L の円筒状の容器の中に，温度 T の理想気体が詰まっているとする．ただし，底面は水平面上におかれているとし，容器内の温度は高さと無関係で一定であると仮定する．気体分子に重力が働くとき，底面からの高さ z における気体分子の数密度を求めよ．ただし，容器中にある気体分子の総数を N とする．

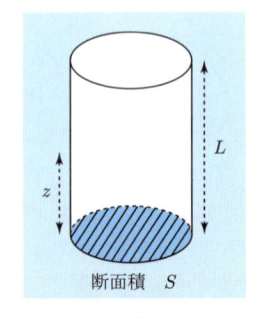

図 8.4 円筒状の容器

8.4 分配関数とボルツマンの原理

● **分配関数の定義** ● (8.17) (p.85) をすべての i について加えると 1 になるから

$$f = \sum_i \exp(-\beta e_i) \tag{8.18}$$

となる．上式の f を**分配関数**あるいは**状態和**と称する．分配関数は確率を規格化するために必要な量であるが，それ以上に統計力学では重要な役割を演じる．

● **分配関数の意味** ● (8.18) で定義される分配関数の物理的な意味を調べていこう．このため，体系の体積を一定に保って，β を $\beta + d\beta$ に変化させたとする．その際，e_i は変化しないと考えられる．例えば，図 7.2 (p.74) の μ 空間で L を変えなければ代表点の運動は変化せず e_i は変わらない．こうして，$\ln f$ の変化は

$$d(\ln f) = \frac{df}{f} = -\frac{\sum e_i \exp(-\beta e_i)}{\sum \exp(-\beta e_i)} d\beta = -\frac{E}{N} d\beta \tag{8.19}$$

と表される．ただし，$E = (N/f) \sum e_i \exp(-\beta e_i)$ の関係を利用し（問題 3.1），記号を簡単にするため $\sum$ の下に付く i は省略した．

● **ヘルムホルツ自由エネルギーとの関係** ● (8.19) と熱力学との関係を調べるため，5.6 節の例題 7 (p.56) のギブス–ヘルムホルツの式は，体積が一定のとき

$$d\left(\frac{F}{T}\right) = -U \frac{dT}{T^2} \tag{8.20}$$

と書ける点に注意しよう．$\beta = 1/k_B T$ であるから

$$d\beta = -\frac{1}{k_B T^2} dT$$

が成り立つ．よって (8.19) は

$$d(-N k_B \ln f) = -E \frac{dT}{T^2} \tag{8.21}$$

と表される．(8.20) と (8.21) を比べると，E は系全体のエネルギーで熱力学における内部エネルギー U に等しいと考えられる．こうして，(8.20) と (8.21) の右辺は同じ物理量を表すので，左辺の d の中身が同じでなければならない．したがって，このような考察からヘルムホルツの自由エネルギー F は次式で与えられることがわかる．

$$F = -N k_B T \ln f \tag{8.22}$$

(8.22) は統計力学における 1 つの基本的な関係で，ミクロな立場から f を計算すれば熱力学関数がこの式を利用して導かれることになる．上式は

$$F = -k_B T \ln f^N \tag{8.23}$$

とも表される．分配関数の具体的な例については次章で論じる．

8 マクスウェル-ボルツマン分布

● **最大確率の分布と熱平衡** ● これまでの議論で，最大確率の分布が熱平衡に対応すると考えてきたが，その理由を熱力学との対応で考える．(8.3) (p.82) により

$$\ln W = N \ln N - \sum_i n_i \ln n_i$$

が成り立つが，この式中の $\ln n_i$ に (8.14) を代入すると

$$\ln W = N \ln N - \sum_i n_i (\ln N - \ln f - \beta e_i)$$

となる．(8.22) から導かれる $N \ln f = -F/k_\mathrm{B} T$ を利用すると

$$\ln W = N \ln f + \beta E = -\frac{F}{k_\mathrm{B} T} + \frac{E}{k_\mathrm{B} T}$$

が得られる．$F = E - TS$ と書けるので，上式から

$$S = k_\mathrm{B} \ln W \tag{8.24}$$

となる．これを**ボルツマンの原理**という．これはミクロな配置数 W とマクロなエントロピー S を結び付ける重要な関係式である．

● **エントロピーと熱平衡** ● 熱力学第一法則は $dU = d'Q - pdV$ と表されるが，U, V が一定だと $d'Q = 0$ で状態変化は断熱過程となる．一方，$TdS \geqq d'Q$ の熱力学第二法則から断熱過程では $dS \geqq 0$ が得られる．これはなんらかの状態変化が起これば S は増加する（減少しない）ことを意味する．上式の $\geqq 0$ で $>$ は不可逆過程に対応する．現実の状態変化には必ず不可逆過程が含まれるので S は増加すると考えるのが妥当である．そこで縦軸に S，横軸に適当な状態量をとり，その状態量の関数として S を図示したとき図 8.5 のようになっているとする．A あるいは B から出発したとき S は増大し，A あるいは B から S が最大になる C へと状態変化が起こる．状態が C に達するとそれ以上 S は増大せず状態は C に落ち着き熱平衡が実現する．すなわち，S が最大のときが熱平衡状態を与える．

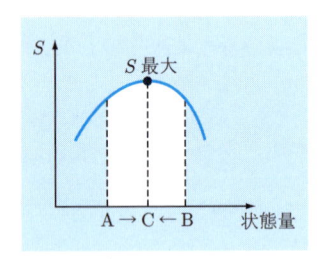

図 8.5 熱平衡の条件

● **ボルツマンの原理と熱平衡** ● 8.2 節の議論では最大確率の分布が熱平衡に相当すると仮定して議論を進めた．その結果，ボルツマンの原理が得られたが，結果をみると，W 最大のときには S も最大となっている．すなわち，議論が自己無撞着（セルフコンシステント）であることが示され，こうして最大確率の分布が熱平衡に対応することがわかる．

8.4 分配関数とボルツマンの原理

例題 4 ──────────────── 直線上につながった分子 ──

ある分子は 2 つの状態 A, B をとり，状態 A における分子のエネルギーを 0，長さを a，また状態 B における分子のエネルギーを ε，長さを b とする．ただし，$\varepsilon > 0, b > a$ と仮定する．図 8.6 に示すように，これら N 個の分子が直線上で鎖状につながっているとし，分子はつながっているという以外，相互作用はもたないとする．次の問に答えよ．

(a) 温度 T における全体のエネルギーの平均値 E および全体の長さの平均値 L を求めよ．

(b) $T \to \infty$ および $T \to 0$ の極限における L を計算し，その計算結果の物理的な意味について述べよ．

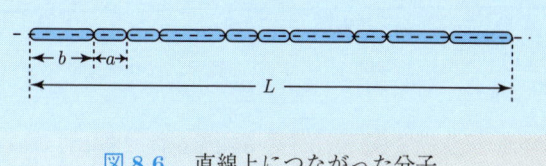

図 8.6 直線上につながった分子

[解答] (a) マクスウェル–ボルツマン分布則 (8.17) (p.85) を使うと，1 つの分子が状態 A, B をとる確率 p_A, p_B は $p_A = 1/f$, $p_B = e^{-\beta\varepsilon}/f$ と表される．分配関数 f は両者の和が 1 という条件から決まり $f = 1 + e^{-\beta\varepsilon}$ となる．したがって，E, L は次式のように書ける．

$$\frac{E}{N} = \frac{\varepsilon e^{-\beta\varepsilon}}{1 + e^{-\beta\varepsilon}}, \quad \frac{L}{N} = \frac{a + b e^{-\beta\varepsilon}}{1 + e^{-\beta\varepsilon}}$$

(b) $T \to \infty$ では $\beta \to 0$ となり，上式より $E/N = \varepsilon/2$, $L/N = (a+b)/2$ が得られる．高温では A と B との区別がなくなり $p_A = p_B = 1/2$ が成り立つので上記のようになる．一方，$T \to 0$ では $\beta \to \infty$, $p_A = 1$, $p_B = 0$ で $E/N = 0$, $L/N = a$ となる．

問題

4.1 2 種類の粒子の集まり A, B があり A 系と B 系は互いに自由にエネルギーを交換するが，全体のエネルギーは一定に保たれているとする．系全体の配置数を求め，ラグランジュの未定乗数 β は温度に対応することを示せ．

4.2 前問の系に関するヘルムホルツの自由エネルギー，ボルツマンの原理について論じよ．

4.3 マクスウェル–ボルツマン分布に従う系の定積熱容量に対する表式を導け．

9 統計力学の応用

9.1 単原子分子の理想気体

● **分配関数** ● もっとも簡単な体系として単原子分子の理想気体を考え，それに統計力学の結果を応用する．体積 V の容器中に理想気体が封入されているとし，1 個の気体分子の質量を m とする．単原子分子の場合，分子を質点とみなせば運動の自由度は並進運動だけで，回転，振動などの内部自由度はない．2 原子分子では回転や振動が起こり得るが，これについては 9.4 節で述べる．こうして，単原子分子のエネルギー e は運動量 $\boldsymbol{p}$ により

$$e = \frac{\boldsymbol{p}^2}{2m} \tag{9.1}$$

と表される．μ 空間は (x, y, z, p_x, p_y, p_z) の 6 次元空間である．この空間中の $d\boldsymbol{r}d\boldsymbol{p}$ の微小体積内に含まれる細胞の数は $d\boldsymbol{r}d\boldsymbol{p}/a$ となる．よって，(8.18)（p.87）の細胞に関する和を積分で表すと，分配関数 f は

$$f = \frac{1}{a} \int \exp\left(-\frac{p_x^2 + p_y^2 + p_z^2}{2mk_\mathrm{B}T}\right) dxdydzdp_xdp_ydp_z \tag{9.2}$$

と書ける．x, y, z に関する積分は体積 V をもたらす．また，例えば p_x に関する積分は $-\infty$ から ∞ にわたるもので，これはガウス積分によって計算され（問題 1.1），その結果 f は次のように求まる．

$$f = \frac{V(2\pi m k_\mathrm{B}T)^{3/2}}{a} \tag{9.3}$$

● **量子統計の効果** ● 実際は，気体分子の位置を互いに交換しても新しい配置とはならないので，(8.23)（p.87）の f^N を $N!$ で割る必要がある．このような割り算を実行すると，ヘルムホルツの自由エネルギー F は

$$F = -k_\mathrm{B}T \ln \frac{V^N(2\pi m k_\mathrm{B}T)^{3N/2}}{N! a^N} \tag{9.4}$$

と表される．$F = -k_\mathrm{B}T \ln f^N$ で f^N を $N!$ で割っても割らなくても状態方程式は同じ結果が得られる．しかし，$N!$ で割らないと F が示量性であるという基本的な性質が説明できない（例題 1）．粒子の交換に対し新しい配置にならないという直観的な考察から一応 $N!$ という項が理解できる．厳密にはこの理由は量子統計力学を使わないと理解できないが本書では詳細に立入らない．

9.1 単原子分子の理想気体

● **状態方程式** ● 熱力学の関係を利用すると，一般に体系の圧力 p はヘルムホルツの自由エネルギー F により次式で与えられる．

$$p = -\left(\frac{\partial F}{\partial V}\right)_T \tag{9.5}$$

(9.4) を使うと F は $F = -Nk_BT\ln V + A$ という形に書け A は V に依存しない．f^N を $N!$ で割るかどうかで A の値は違うが，A が V に無関係という事情は同じである．こうして

$$p = Nk_BT\frac{\partial \ln V}{\partial V} = \frac{Nk_BT}{V} \tag{9.6}$$

と計算される．n モルの理想気体では

$$nN_A = N, \quad k_B N_A = R$$

が成り立つので (9.6) は $pV = nRT$ と書け (3.7)（p.28）と一致する結果が得られる．

● **エネルギーの平均値** ● μ 空間中の $d\boldsymbol{r}d\boldsymbol{p}$ 内に粒子の見いだされる確率は，8.3 節の例題 3（p.86）により，ボルツマン因子を考慮すると

$$\exp(-\beta e)d\boldsymbol{r}d\boldsymbol{p}$$

に比例する．よって，分子 1 個当たりのエネルギーの平均値 $\langle e \rangle$ は

$$\langle e \rangle = \frac{\int e\exp(-\beta e)d\boldsymbol{r}d\boldsymbol{p}}{\int \exp(-\beta e)d\boldsymbol{r}d\boldsymbol{p}} \tag{9.7}$$

と表される．上式中の分母は確率を規格化するため必要である．e は (9.1) で与えられ，座標とは無関係であるから，空間座標に関する積分は (9.7) の分母，分子で打ち消しあう．その結果，(9.7) は

$$\langle e \rangle = -\frac{\partial}{\partial \beta}\ln\left[\int \exp(-\beta e)d\boldsymbol{p}\right] \tag{9.8}$$

となる．上式を具体的に計算すると

$$\langle e \rangle = \frac{3k_BT}{2} \tag{9.9}$$

が得られ（問題 1.2），(6.36)（p.70）と同じ結果が導かれる．同じようにして，運動エネルギーの 1 つの自由度に注目すると

$$\left\langle \frac{p_x^2}{2m} \right\rangle = \frac{k_BT}{2} \tag{9.10}$$

というエネルギー等分配則が求まる．x, y, z 方向の対称性から当然 x, y, z 方向に対する等分配の結果が求まるが，直接平均値を計算しても同じとなる（問題 1.3）．

例題 1 ──────────── ヘルムホルツの自由エネルギーの示量性 ──

T を一定とし，$F = F(N, V)$ と書けば示量性により $F(2N, 2V) = 2F(N, V)$ となる．f^N を $N!$ で割らないと F は示量性を示さず $N!$ で割れば示量性であることを示せ．

解答 (9.3) により f^N を $N!$ で割らないと F は

$$F = -k_\mathrm{B} T \ln \frac{V^N (2\pi m k_\mathrm{B} T)^{3N/2}}{a^N} = -N k_\mathrm{B} T \left[\ln V + \frac{3}{2} \ln (2\pi m k_\mathrm{B} T) - \ln a \right]$$

と表される．$\ln (2V) = \ln V + \ln 2$ が成立するため $F(2N, 2V) \neq 2F(N, V)$ となり示量性が満たされない．一方，スターリングの公式を使うと $\ln N! = N(\ln N - 1)$ と表されるので f^N を $N!$ で割ると

$$\begin{aligned} F &= -N k_\mathrm{B} T \left[\ln V + \frac{3}{2} \ln (2\pi m k_\mathrm{B} T) - \ln N + 1 - \ln a \right] \\ &= -N k_\mathrm{B} T \left[\ln \frac{V}{N} + \frac{3}{2} \ln (2\pi m k_\mathrm{B} T) + 1 - \ln a \right] \end{aligned}$$

と書け，示量性が成り立つ．

問題

1.1 (9.2) から (9.3) を導け．
1.2 (9.8) を計算し，(9.9) が得られることを示せ．
1.3 $p_x^2/2m$ の平均値を直接求め，(9.10) の成り立つことを証明せよ．
1.4 例題 1 で求めた F からエントロピーを求め，熱力学で導いた第 5 章の問題 5.4 の結果（問題解答 p.143）と比較せよ．

═══════════════ 日常生活と確率 ═══════════════

確率とギャンブルとは切っても切れない関係がある．数学として確率論が発展したそもそもの出発点はトランプにおけるギャンブルの問題からと聞いている．ギャンブルの典型的な例はさいころを振ることだが，丁（偶数）か半（奇数）はまさに博打の世界の出来事である．ギャンブルには競馬，競輪，競艇，宝くじなど公認のものもあればマージャン，パチンコ，ポーカー，花札，スロットマシンなど私的なものもある．日常よく現れる確率は天気予報の降水確率だが，著者の子供の頃の天気予報は明日の天気は晴れ，雨，曇りといった感じでかなり定性的であった．しかも第二次世界大戦中天気を公表するのは利敵行為とかで，しばらく休みが続いた．最近よく利用するのは洗濯指数というものだが，大体当たるにしてもよく乾くはずが全然駄目だったりその逆もある．当るも八卦，当らぬも八卦というところか．しかし，統計力学での確率ははるかに精度が高く 10.6 節で学ぶようにゆらぎはほとんど 0 とみなせる．これはスターリングの公式が $M \simeq 20$ 程度でも高精度で成り立つおかげである．

9.2　1次元調和振動子

- **分配関数**　1次元調和振動子の力学的エネルギー e は

$$e = \frac{p^2}{2m} + \frac{m\omega^2 x^2}{2} \tag{9.11}$$

で与えられる（p.73 の問題 1.1）．この場合の μ 空間は x, p の 2 次元空間で μ 空間を体積 a の細胞に分割したとすれば，分配関数 f は理想気体と同様

$$f = \frac{1}{a} \int \exp(-\beta e) dx dp \tag{9.12}$$

と表される．(9.12) で積分は全 μ 空間にわたって行われるので f は次のようになる．

$$\begin{aligned} f &= \frac{1}{a} \int_{-\infty}^{\infty} \exp\left(-\beta \frac{p^2}{2m}\right) dp \int_{-\infty}^{\infty} \exp\left(-\beta \frac{m\omega^2 x^2}{2}\right) dx \\ &= \frac{1}{a} \left(\frac{2\pi m}{\beta}\right)^{1/2} \left(\frac{2\pi}{m\omega^2 \beta}\right)^{1/2} = \frac{2\pi}{a\beta\omega} \end{aligned} \tag{9.13}$$

- **⟨e⟩の計算**　e の平均値 $\langle e \rangle$ は $2\pi/a\omega$ が β と無関係なことに注意すると

$$\langle e \rangle = -\frac{\partial \ln f}{\partial \beta} = \frac{\partial}{\partial \beta} \ln \beta = \frac{1}{\beta} = k_B T \tag{9.14}$$

と計算される．

- **エネルギー等分配則**　1次元調和振動子の座標 x は $x = A\cos(\omega t + \alpha)$ と表される（A は振幅，α は初期位相）．上式から運動量 p は $p = -m\omega A \sin(\omega t + \alpha)$ と書け，運動エネルギー K は

$$K = \frac{p^2}{2m} = \frac{m\omega^2 A^2}{2} \sin^2(\omega t + \alpha)$$

となる．同様に，位置エネルギー U は

$$U = \frac{m\omega^2 x^2}{2} = \frac{m\omega^2 A^2}{2} \cos^2(\omega t + \alpha)$$

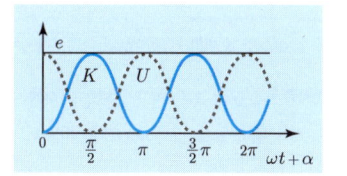

図 **9.1**　1次元調和振動子の K と U

と書ける．図 9.1 は $\omega t + \alpha$ の関数として K, U を表したものである（K は実線，U は点線）．K と U との間でエネルギーの変換が起こり $K + U = m\omega^2 A^2/2$ の力学的エネルギー保存則が成り立つ．統計力学の立場では，例題 2 で示すように，それぞれの平均値が $k_B T/2$ となる．このように，運動エネルギー，位置エネルギーのそれぞれに $k_B T/2$ のエネルギーが分配されることも**エネルギー等分配則**という．もっともこの法則が正しいのは U が $U \propto x^2$ の 1 次元調和振動子の場合だけで，一般の場合すなわち $U \propto x^n$ ($n \neq 2$) のときにはここでいうエネルギー等分配則は成立しない．

例題 2 — 1次元調和振動子のエネルギーの平均値

1次元調和振動子の運動エネルギー，位置エネルギーのそれぞれの平均値が $k_BT/2$ であることを示せ．

解答 運動エネルギー $p^2/2m$ の平均値は

$$\left\langle \frac{p^2}{2m} \right\rangle = \int \frac{p^2}{2m} \exp(-\beta e) dx dp \Big/ \int \exp(-\beta e) dx dp$$

と書ける．上式右辺の x に関する積分は分母，分子で消え

$$\left\langle \frac{p^2}{2m} \right\rangle = \int \frac{p^2}{2m} \exp\left(-\beta \frac{p^2}{2m}\right) dp \Big/ \int \exp\left(-\beta \frac{p^2}{2m}\right) dp$$

と表される．上式は理想気体の1つの運動の自由度に対する運動エネルギーの平均値であるから $k_BT/2$ に等しい．一方，位置エネルギー $m\omega^2 x^2/2$ の平均値は

$$\left\langle \frac{m\omega^2 x^2}{2} \right\rangle = \int \frac{m\omega^2 x^2}{2} \exp(-\beta e) dx dp \Big/ \int \exp(-\beta e) dx dp$$

と書ける．p に関する積分は分母，分子で打ち消し合い次式が導かれる．

$$\left\langle \frac{m\omega^2 x^2}{2} \right\rangle = -\frac{\partial}{\partial \beta} \ln \left[\int_{-\infty}^{\infty} \exp\left(-\beta \frac{m\omega^2 x^2}{2}\right) dx \right]$$

$$= -\frac{\partial}{\partial \beta} \ln \left(\frac{2\pi}{\beta m\omega^2}\right)^{1/2} = \frac{1}{2\beta} = \frac{k_BT}{2}$$

上の結果を使えば $\langle e \rangle = k_BT$ となりこれは (9.14) と一致する．

参考 **ガウス分布** 変数 x があり ($-\infty < x < \infty$)，この変数が $x \sim x+dx$ の範囲内の値をとる確率 $g(x)dx$ が

$$g(x)dx = \frac{1}{\sqrt{2\pi}\,\sigma} \exp\left(-\frac{x^2}{2\sigma^2}\right) dx$$

で与えられるとき，この確率分布を**ガウス分布**，σ を**分散**という．ガウス分布は**正規分布**とも呼ばれる．上式で定義されるガウス分布は規格化され，また $\sigma^2 = \langle x^2 \rangle$ の関係が成り立つ．$\sigma = 1$ の場合のガウス分布を**標準正規分布**といい，このときの $g(x)$ を図 9.2 に示す．

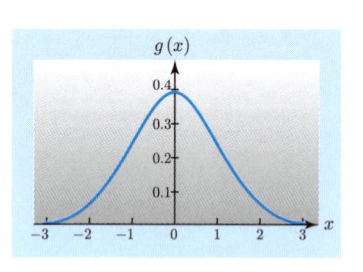

図 9.2 標準正規分布

問題

2.1 上記のガウス分布は規格化され，$\sigma^2 = \langle x^2 \rangle$ であることを証明せよ．

2.2 ある温度における1次元調和振動子の x に対する確率分布はガウス分布で記述されることを示し，その分散を求めよ．

9.3 固体の比熱

- **格子振動** ━━ 結晶を構成する分子，原子あるいはイオンはつり合いの位置の付近で振動していて，これを**格子振動**という．格子振動に伴う力学的エネルギーは固体がもつ内部エネルギーの一因となる．固体中の電子も比熱に寄与するが，それを扱うには量子統計力学が必要で，本書ではその詳細に立ち入らない．電子の比熱が問題になるのは数 K という極低温であることが知られていて，通常の温度では格子振動による比熱だけを考慮すれば十分である．以下，このような立場に立ち簡単な模型に基づいて格子振動による比熱を考察する．

- **アインシュタイン模型** ━━ 1種類の原子から構成される結晶を考え，原子数を N とする．各原子は独立に同じ振動数で振動すると仮定しよう．このような格子振動に対する模型を**アインシュタイン模型**という．アインシュタインは固体の比熱が低温になると小さくなることを理解するため 1907 年このような模型を導入した．この話の説明は少々後回しにし，最初に古典統計力学で問題を考えよう．各原子は 3 次元的な振動を行うので，アインシュタイン模型は角振動数 ω をもつ独立な $3N$ 個の 1 次元調和振動子の集まりと等価である．

- **デュロン-プティの法則** ━━ 1つの振動子のエネルギーの平均値は $k_\mathrm{B} T$ で，それが $3N$ 個存在するから全体のエネルギーすなわち内部エネルギー U は $U = 3Nk_\mathrm{B}T$ と書ける．特に 1 モルの場合には $N_\mathrm{A} k_\mathrm{B} = R$ を用い $U = 3RT$ である．定積モル比熱 C_V は熱力学の関係により

$$C_V = \left(\frac{\partial U}{\partial T}\right)_V \tag{9.15}$$

で与えられる．(9.15) を利用すると

$$C_V = 3R \tag{9.16}$$

が得られる．p.27 の (3.8) により気体定数 R は

$$R = 8.31\,\mathrm{J\cdot mol^{-1}\cdot K^{-1}}$$

と書ける．あるいは cal 単位を使うと

$$R \simeq 2\,\mathrm{cal\cdot mol^{-1}\cdot K^{-1}}$$

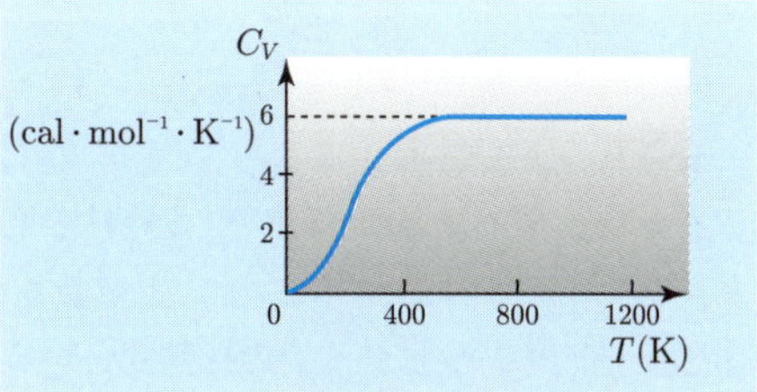

図 9.3 銅の定積モル比熱

となるので

$$C_V = 24.9\,\mathrm{J\cdot mol^{-1}\cdot K^{-1}} \simeq 6\,\mathrm{cal\cdot mol^{-1}\cdot K^{-1}}$$

である．すなわち，C_V は温度に無関係な定数となり，この結果を**デュロン-プティの法則**という．一例として銅のモル比熱を図 9.3 に示す．

9 統計力学の応用

● **古典統計力学の破綻** ● 図 9.3 からわかるように，古典的な理論は常温での測定値と一致するが，低温における比熱を説明できない．あるいはアインシュタイン模型が単純過ぎるのではないか，という疑問が生じるかもしれない．しかし，問題 3.2 で学ぶように，このような固体の比熱の問題は模型の良否という簡単なものではなく，古典物理学のもつ根源的な欠陥と深いかかわりあいをもっている．

● **量子化** ● 1 次元調和振動子の位相空間は図 7.1 (p.74) のような 2 次元空間で，代表点はこの空間上で楕円軌道を描いて運動する．古典的にはエネルギー保存則が満たされる限り，どのような軌道も可能である．しかし，量子力学ではある状態（**固有状態**）だけが許されるとする．1 次元調和振動子の固有状態のエネルギー e_n は

$$e_n = h\nu \left(n + \frac{1}{2}\right) \tag{9.17}$$

で与えられる．固有状態を**量子状態**ともいう．(9.17) で h は

$$h = 6.63 \times 10^{-34}\,\mathrm{J\cdot s} \tag{9.18}$$

のプランク定数，ν は振動数で角振動数 ω との間に $\omega = 2\pi\nu$ の関係が成り立つ．また n は**量子数**で $n = 0, 1, 2, \cdots$ である．(9.17) で $1/2$ の項は全体のエネルギーをずらすだけなので 0 としてよい．その結果，第 7 章の例題 2 (p.75) からわかるように，量子化された軌道では軌道の囲む面積が nh と書ける．

● **アインシュタインの比熱式** ● 量子統計力学でも分配関数 f は (8.18) (p.87) で定義される．ここで i での和はすべての固有状態にわたるものとする．1 次元調和振動子の f は $f = (1 - e^{-\beta h\nu})^{-1}$ と計算され，量子統計力学でも (8.15) (p.85) と同様，状態 i をとる確率 p_i は $p_i = e^{-\beta e_i}/f$ で与えられる．こうして e_n の平均値 $\langle e_n \rangle$ は

$$\langle e_n \rangle = \frac{h\nu}{e^{\beta h\nu} - 1} \tag{9.19}$$

と計算される．(9.19) を使うと定積モル比熱は

$$C_V = 3R f_\mathrm{E}\left(\frac{\Theta_\mathrm{E}}{T}\right) \tag{9.20}$$

と表される（例題 3）．ここで，$\Theta_\mathrm{E} = h\nu/k_\mathrm{B}$ は**アインシュタイン温度**と呼ばれる特性温度であり，また $f_\mathrm{E}(x) = x^2 e^x / (e^x - 1)^2$ と定義される．(9.20) を**アインシュタインの比熱式**という．図 9.4 はアインシュタインの原論文から引用したダイアモンドに対する結果を示す．実線は比熱式，実験値の点は $\Theta_\mathrm{E} = 1320\,\mathrm{K}$ とした場合に対するものである．

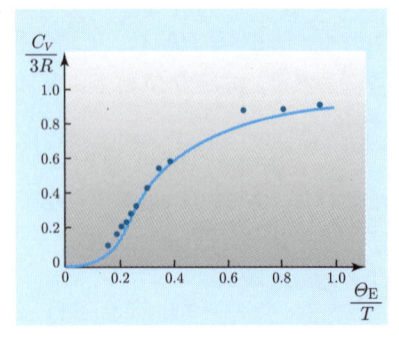

図 9.4 アインシュタインの比熱式

9.3 固体の比熱

例題 3 ─────────────────────── アインシュタインの比熱式 ───

アインシュタインの比熱式 (9.20) を導け.

[解答] (9.17) で 1/2 の項は比熱には影響しないのでこれを 0 とおいてもよい (問題 3.3). その結果, $e_n = nh\nu$ となり, この状態をとる確率 p_n は

$$p_n = e^{-\beta e_n}/f \tag{1}$$

で与えられる. (1) で分配関数 f は

$$f = \sum_{n=0}^{\infty} e^{-\beta nh\nu} = 1 + e^{-\beta h\nu} + e^{-2\beta h\nu} + \cdots = \frac{1}{1 - e^{-\beta h\nu}} \tag{2}$$

と計算される. e_n の平均値は $\langle e_n \rangle = \sum e_n e^{-\beta e_n}/f = -\partial(\ln f)/\partial\beta$ と書けるので

$$\langle e_n \rangle = \frac{\partial}{\partial \beta} \ln\left(1 - e^{-\beta h\nu}\right) = \frac{h\nu e^{-\beta h\nu}}{1 - e^{-\beta h\nu}} = \frac{h\nu}{e^{\beta h\nu} - 1} \tag{3}$$

と表される. (3) から内部エネルギー U は

$$U = \frac{3Nh\nu}{e^{\beta h\nu} - 1} \tag{4}$$

となり, (9.15) を利用すると (4) から定積モル比熱 C_V は $\beta = 1/k_B T$ に注意して

$$C_V = \frac{\partial U}{\partial \beta} \frac{\partial \beta}{\partial T} = \frac{3Nh\nu e^{\beta h\nu} h\nu}{(e^{\beta h\nu} - 1)^2 k_B T^2} = \frac{3Nk_B e^x}{(e^x - 1)^2} \left(\frac{h\nu}{k_B T}\right)^2 = \frac{3Rx^2 e^x}{(e^x - 1)^2}$$

というアインシュタインの比熱式が得られる.

問題

3.1 100 °C で銅の定積比熱は $0.397 \, \text{J} \cdot \text{g}^{-1} \cdot \text{K}^{-1}$ と測定されている. 1 モルの銅は 63.5 g であるとして, 銅のモル比熱を求めよ. また, デュロン–プティの法則との一致について論じよ.

3.2 アインシュタイン模型では各原子が同じ振動数で振動していると仮定する. しかし, 実際には小さな振動数, 大きな振動数が現れ振動数に分布があると予想される. (9.16) のデュロン–プティの法則は振動数がどんな分布をしても成り立つことを示せ.

3.3 (9.17) で 1/2 から生じるエネルギーを**零点エネルギー**という. 零点エネルギーは温度とは無関係で定積モル比熱には貢献しないことを証明せよ.

3.4 アインシュタインの比熱式でアインシュタイン温度は体系が古典的であるか, 量子的であるかの境目の温度である. $T \gg \Theta_E$ の古典的な極限で例題 3 中の (3) は $k_B T$ に帰着することを示せ. また, 逆の極限 $T \ll \Theta_E$ における比熱の振る舞いについて論じよ.

9.4　2原子分子の理想気体

● 2原子分子の運動エネルギー ●　A原子，B原子から構成されるABという2原子分子を想定し，各原子をそれぞれ質量 m_A, m_B の質点とみなす．2個の質点の質点系の運動エネルギーは，重心の運動エネルギーと重心のまわりの回転エネルギーとの和である（問題4.1）．分子のエネルギーの平均値は両者の平均値の和となり，重心の並進運動は9.1節と同様に扱えるので，以下回転エネルギーを考える．

● 回転エネルギー ●　体系の重心は両質点を結ぶ線上にあるが重心を座標原点 O にとる．点 O から A, B までの距離を a, b と書き，質点の位置を記述するのに極座標を利用する（図9.5）．通常の温度では2原子の間の振動は起こらず，a, b は一定であるとしてよい．例えば H_2 分子では振動が起こるのは 6000 K 以上であるとされている．極座標を使うと質点 A の運動エネルギー K_A は

$$K_A = \frac{m_A a^2}{2}(\dot{\theta}^2 + \sin^2\theta\, \dot{\varphi}^2) \tag{9.21}$$

と書ける（例題4）．図9.5からわかるように，質点 B は原点 O のまわりで A と対称的な運動をするから，質点 B の運動エネルギー K_B は，(9.21) で $m_A \to m_B$, $a \to b$ の置き換えを実行すれば求まる．回転エネルギー K は $K = K_A + K_B$ と書け

$$K = \frac{I}{2}(\dot{\theta}^2 + \sin^2\theta\, \dot{\varphi}^2) \tag{9.22}$$

と表される．ただし，上式で I は次式で定義される．

$$I = m_A a^2 + m_B b^2 \tag{9.23}$$

I は重心 G を通り A と B とを結ぶ直線に垂直な回転軸のまわりの慣性モーメントである（図9.6）．(9.22) の K に対するハミルトニアンは次式で与えられる（例題4）．

$$H = \frac{1}{2I}\left(p_\theta^2 + \frac{p_\varphi^2}{\sin^2\theta}\right) \tag{9.24}$$

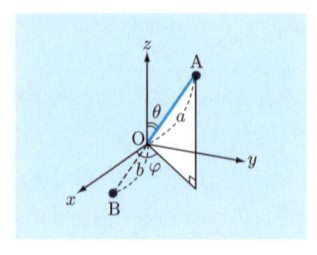

図 9.5　質点 A に対する極座標　　　図 9.6　慣性モーメント

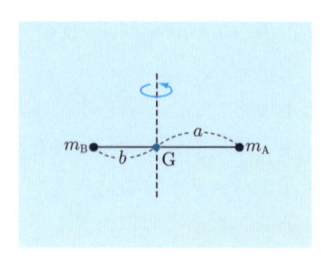

9.4 2原子分子の理想気体

例題 4 ──────────────────────── 回転運動のハミルトニアン ─

極座標を用いると質点の運動エネルギーが (9.21) のように書けることを示し,回転運動を記述する (9.24) のハミルトニアンを導け.

[解答] 質点 A の x, y, z 座標は図 9.5 からわかるように

$$x = a\sin\theta\cos\varphi$$
$$y = a\sin\theta\sin\varphi$$
$$z = a\cos\theta$$

と書ける.a が一定であることに注意し上式を時間で微分すると

$$\dot{x} = a(\cos\theta\cos\varphi\,\dot{\theta} - \sin\theta\sin\varphi\,\dot{\varphi})$$
$$\dot{y} = a(\cos\theta\sin\varphi\,\dot{\theta} + \sin\theta\cos\varphi\,\dot{\varphi})$$
$$\dot{z} = -a\sin\theta\,\dot{\theta}$$

となり,運動エネルギー K_A は

$$K_A = \frac{m_A a^2}{2}(\dot{\theta}^2 + \sin^2\theta\,\dot{\varphi}^2)$$

と表される.質点 B まで考えた全体の運動エネルギーは (9.22) で与えられる.いまの問題では位置エネルギーは 0 としてよいから,この K はラグランジアンに等しい.したがって,p_θ, p_φ は次式のように求まる.

$$p_\theta = \frac{\partial K}{\partial \dot{\theta}} = I\dot{\theta}, \quad p_\varphi = \frac{\partial K}{\partial \dot{\varphi}} = I\sin^2\theta\,\dot{\varphi}$$

ハミルトニアン H は $H = p_\theta\dot{\theta} + p_\varphi\dot{\varphi} - K$ で与えられる.$\dot{\theta}, \dot{\varphi}$ を上の関係から解くと,H は

$$H = \frac{p_\theta^2}{I} + \frac{p_\varphi^2}{I\sin^2\theta} - \frac{p_\theta^2}{2I} - \frac{p_\varphi^2}{2I\sin^2\theta}$$
$$= \frac{1}{2I}\left(p_\theta^2 + \frac{p_\varphi^2}{\sin^2\theta}\right)$$

と表され (9.24) が得られる.

~~~~~~ 問 題 ~~~~~~

4.1 2 個の質点から構成される質点系の運動エネルギーは,重心の運動エネルギーと重心のまわりの回転エネルギーの和であることを示せ.

4.2 2 原子分子のエネルギー e は,重心運動,回転運動のエネルギーをそれぞれ e_G, e_r としたとき,$e = e_G + e_r$ と書ける.統計力学の立場から

$$\langle e \rangle = \langle e_G \rangle + \langle e_r \rangle$$

の関係を証明せよ.

9 統計力学の応用

- **エネルギーの平均値** 前ページの問題 4.2 で学んだように，2 原子分子の運動エネルギーに対して $\langle e \rangle = \langle e_G \rangle + \langle e_r \rangle$ が成り立つ．$\langle e_G \rangle$ は単原子分子の場合と同じで，その値は $3k_BT/2$ で与えられる．$\langle e_r \rangle$ を求めるため回転運動を表す μ 空間を考察しよう．

- **回転運動の μ 空間** 回転運動を記述する一般座標，一般運動量は $\theta, \varphi, p_\theta, p_\varphi$ の 4 個の変数であるから μ 空間は 4 次元空間となる．θ, p_θ のペアを考えると，その変域は

$$0 \leq \theta \leq \pi, \quad -\infty < p_\theta < \infty \tag{9.25}$$

と書け，これは図 9.7 の斜線部で表される．同様に

$$0 \leq \varphi \leq 2\pi, \quad -\infty < p_\varphi < \infty \tag{9.26}$$

の φ, p_φ の変域は図 9.8 のようになる．このような μ 空間で分配関数を考えると，回転エネルギーの平均値は次のように求まる（例題 5）．

$$\langle e_r \rangle = k_B T \tag{9.27}$$

- **定積モル比熱** 以上の議論により，2 原子分子の運動エネルギーの平均値は，重心運動のエネルギーと回転運動のエネルギーとを加え，$5k_BT/2$ となる．こうして 2 原子分子の理想気体の場合，内部エネルギー U は

$$U = \frac{5Nk_BT}{2} \tag{9.28}$$

と表され，特に 1 モルであれば

$$U = \frac{5R}{2}T \tag{9.29}$$

が得られる．したがって，定積モル比熱は次のようになる．

$$C_V = \frac{5}{2}R \tag{9.30}$$

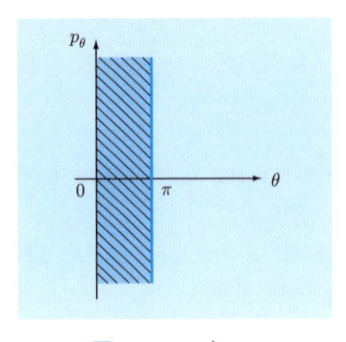

図 9.7　θ と p_θ

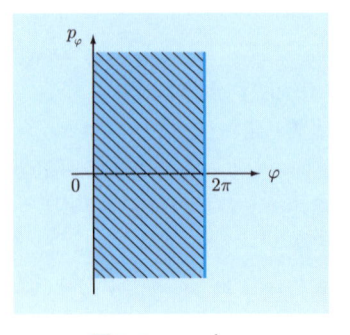

図 9.8　φ と p_φ

9.4 2原子分子の理想気体

例題 5 ──────────────────── 回転運動の分配関数 ──

回転運動を表す μ 空間で分配関数を記述する表式を導き，回転エネルギーの統計力学的な平均値を求めよ．

[解答] μ 空間を体積 a の細胞に分割したとすれば，細胞に関する和を μ 空間内の積分で書き，回転運動に対する分配関数 f_r は

$$f_r = \frac{1}{a}\int \exp(-\beta e_r) d\theta dp_\theta d\varphi dp_\varphi \tag{1}$$

と表される．ただし，積分範囲は (9.25), (9.26) で与えられ，また (9.24) により e_r は

$$e_r = \frac{1}{2I}\left(p_\theta^2 + \frac{p_\varphi^2}{\sin^2\theta}\right) \tag{2}$$

と書ける．(2) を (1) に代入し，積分範囲を明記すると次式のように表される．

$$f_r = \frac{1}{a}\int_0^{2\pi} d\varphi \int_0^{\pi} d\theta \int_{-\infty}^{\infty} dp_\theta dp_\varphi \exp\left[-\frac{\beta}{2I}\left(p_\theta^2 + \frac{p_\varphi^2}{\sin^2\theta}\right)\right] \tag{3}$$

$\langle e_r \rangle = -\partial(\ln f_r)/\partial \beta$ と書けるので (3) の積分を実行すれば $\langle e_r \rangle$ が計算できる．しかし，実は積分をきちんと求める必要はない．すなわち p_θ, p_φ に関する積分は $-\infty$ から ∞ にいたることに注目し $p_\theta = p_\theta'/\beta^{1/2}, p_\varphi = p_\varphi'/\beta^{1/2}$ の変数変換を導入すると

$$f_r = \frac{1}{\beta a}\int_0^{2\pi} d\varphi \int_0^{\pi} d\theta \int_{-\infty}^{\infty} dp_\theta' dp_\varphi' \exp\left[-\frac{1}{2I}\left(p_\theta'^2 + \frac{p_\varphi'^2}{\sin^2\theta}\right)\right] \tag{4}$$

となる．(4) からわかるように，$f_r = A/\beta$ と書け A は β によらない定数である．このため $\langle e_r \rangle = 1/\beta = k_B T$ が得られる．(3) の具体的な計算も可能だが，これについては問題 5.2 を参照せよ．

❦❦❦ **問　題** ❦❦❦❦❦❦❦❦❦❦❦❦❦❦❦❦❦❦❦❦❦❦❦❦❦❦

5.1 O_2 気体の標準状態における定積モル比熱は $C_V = 20.91\,\mathrm{J\cdot mol^{-1}\cdot K^{-1}}$ と測定されている．これを理論的な結果と比較せよ．

5.2 2原子分子の理想気体に関する以下の設問に答えよ．
  (a) 分配関数 f を計算せよ．
  (b) ヘルムホルツの自由エネルギー F を求めよ．

5.3 2原子分子の理想気体の定圧モル比熱 C_p はどのように表されるか．O_2 気体の C_p，比熱比 γ は標準状態でそれぞれ $C_p = 29.46\,\mathrm{J\cdot mol^{-1}\cdot K^{-1}}, \gamma = 1.41$ と測定されている．これらを理論的な結果と比べよ．

5.4 2原子分子の理想気体の状態方程式は単原子分子の場合と同じで，n モルの体系の場合，$pV = nRT$ が成り立つことを証明せよ．

9.5 イジング模型

● **不連続な変数に関する和** ● 分配関数 f は p.87 の (8.18) で定義されるが，i に関する和は古典統計力学では μ 空間中の細胞にわたるもの，量子統計力学では可能な量子状態に対するものとしてきた．古典統計力学では対象とする体系のエネルギーが連続的な値をとるため，いわばこれを離散化するため μ 空間での細胞を導入したが，量子力学ではエネルギーが一般に離散的である．そのような点で分配関数の概念は，量子力学の方が古典力学より自然であるといえよう．p.96 で触れた量子状態に関する和は不連続な変数の例である．古典統計力学でも f の定義自身はエネルギーが不連続的な値をとる場合に一般化できる．その一例として表題のイジング模型を考察しよう．

● **イジング・スピン** ● 磁性体の 1 つの模型は，結晶の各格子点に古典的なスピンが存在し，このスピンは上向きあるいは下向きの向きをとると仮定することである．このような模型を**イジング模型**，またこのスピンを**イジング・スピン**という．このスピンは量子力学的なスピンの z 成分だけを考慮する場合に相当する．量子力学でのスピンとイジング・スピンとの関係については問題 6.1 を参照せよ．イジング・スピンは**磁気モーメント**をもつとし，その大きさを μ とする．磁束密度の向きに z 軸の正方向に選び，正方向を上向き，負方向を下向きとする．一般に磁束密度 $\boldsymbol{B}$ の磁場中に磁気モーメント $\boldsymbol{\mu}$ があると両者の間には

$$-\boldsymbol{\mu}\cdot\boldsymbol{B} \tag{9.31}$$

のエネルギーが発生する．このため，図 9.9 のように磁気モーメントが上向きのときのエネルギーは $-\mu B$，下向きのとき μB と表され，分配関数 f は

$$f = \sum_i \exp(-\beta e_i) = e^{\beta\mu B} + e^{-\beta\mu B} = 2\operatorname{ch}(\beta\mu B) \tag{9.32}$$

と計算される．ここで $\operatorname{ch} x$ は双曲線関数の一種で $\operatorname{ch} x = (e^x + e^{-x})/2$ と定義される．

● **磁気モーメントの配列の確率** ● 磁気モーメントの z 成分を μ_z とすれば $\mu_z = \pm\mu$ で，ボルツマン因子により，磁気モーメントが μ_z であるような確率は $\exp(\beta\mu_z B)$ に比例する．これを規格化すると確率そのものは次のように書ける．

$$p = \frac{e^{\beta\mu_z B}}{f} = \frac{e^{\beta\mu_z B}}{2\operatorname{ch}(\beta\mu B)} \tag{9.33}$$

したがって，磁気モーメントが上向きまたは下向きである確率を p_+, p_- と書けば

$$p_+ = \frac{e^{\beta\mu B}}{2\operatorname{ch}(\beta\mu B)}, \quad p_- = \frac{e^{-\beta\mu B}}{2\operatorname{ch}(\beta\mu B)} \tag{9.34}$$

が成り立つ．(9.34) を利用すると，μ_z の平均値 $\langle\mu_z\rangle$ を求めることができる．その詳細については問題 6.2 を参照せよ．

9.5 イジング模型

---**例題 6**--------------------------------------**ショットキー比熱**---

ある分子は 2 つの状態 A, B をとるとし，状態 A における分子のエネルギーを 0，また状態 B におけるエネルギーを ε ($\varepsilon > 0$) とする．これら N 個の分子から構成される体系の内部エネルギーを求めよ．また，定積熱容量 C を計算し，C の温度依存性を記述する図を描け．ただし，分子間の相互作用はないものと仮定する．

[解答] 体系は 2 つの状態をとるので基本的にイジング模型と等価である．分配関数 f は，$f = 1 + e^{-\beta\varepsilon}$ と表され，1 個の分子当たりの平均エネルギーは

$$\langle e \rangle = -\frac{\partial \ln f}{\partial \beta} = -\frac{\partial}{\partial \beta}\ln(1 + e^{-\beta\varepsilon}) = \frac{\varepsilon e^{-\beta\varepsilon}}{1 + e^{-\beta\varepsilon}}$$

と計算される．上式を N 倍すれば内部エネルギー U は

$$U = \frac{N\varepsilon}{1 + e^{\beta\varepsilon}} = \frac{N\varepsilon}{1 + e^{\varepsilon/k_\mathrm{B}T}}$$

と求まり，C は次のように計算される．

$$C = \frac{\partial U}{\partial T} = \frac{N\varepsilon e^{\varepsilon/k_\mathrm{B}T}}{(1 + e^{\varepsilon/k_\mathrm{B}T})^2}\frac{\varepsilon}{k_\mathrm{B}T^2} = Nk_\mathrm{B}\left(\frac{\varepsilon}{k_\mathrm{B}T}\right)^2 \frac{e^{\varepsilon/k_\mathrm{B}T}}{(1 + e^{\varepsilon/k_\mathrm{B}T})^2}$$

ここで $x = k_\mathrm{B}T/\varepsilon$ により無次元の温度に相当する変数 x を導入すると

$$\frac{C}{Nk_\mathrm{B}} = \frac{e^{1/x}}{x^2(1 + e^{1/x})^2}$$

となる．C/Nk_B を x の関数として図示すると，図 9.10 のように表される．$x \simeq 0.5$ のあたりでピークがみられるが，このような形の比熱を**ショットキー比熱**という．

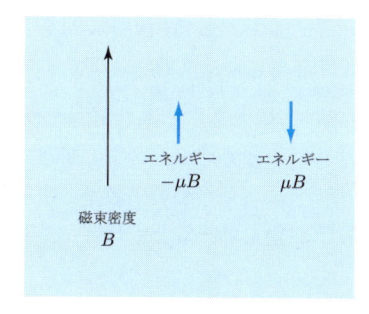

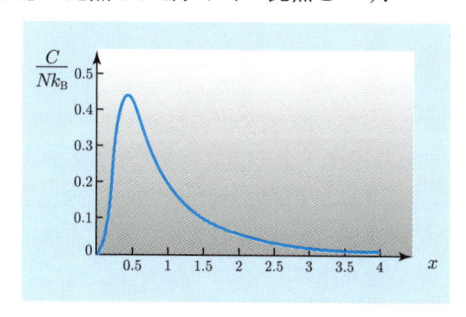

図 9.9　磁場中のイジング・スピン

図 9.10　ショットキー比熱

問題

6.1 陽子，中性子，電子，ニュートリノなどのスピンは $\boldsymbol{S} = \hbar\boldsymbol{\sigma}/2$ の形に表される．ここで $\hbar$ はディラックの定数 ($\hbar = h/2\pi$)，$\boldsymbol{\sigma}$ はパウリ行列である．このような量子力学的なスピンとイジング・スピンとの関係を論じよ．

6.2 (9.34) を利用し，μ_z の平均値 $\langle\mu_z\rangle$ を求めよ．

10 正準集団と大正準集団

10.1 正準集団

● **一般的な体系** ● 多数の粒子から構成される一般的な体系（例えば箱に入れた気体，一定量の液体，固体など）を考え，その運動の自由度を f とする．体系は古典力学で記述されるとし，一般座標および一般運動量を

$$q_1, q_2, \cdots, q_f, p_1, p_2, \cdots, p_f \tag{10.1}$$

とする．体系の状態は (10.1) の $2f$ 個の変数を指定すれば決定される．q, p は一般の正準変数で直交座標に話を限る必要はない．系全体のエネルギーが各粒子のエネルギーの和として書けない場合，1つ1つの粒子の運動を記述する位相空間（μ 空間）を考えてもあまり意味がない．そこで，以下，系全体の位相空間（Γ 空間）だけを考える．量子統計力学は古典統計力学を一般化するという立場で扱う．

● **正準集団** ● 注目する体系とまったく同じ構造をもつ M 個の体系を準備し適当に配列したとする（図 10.1）．これらの体系の間には非常に弱い相互作用があり，互いにエネルギーを交換するが，M 個全体では外部とエネルギーの交換はないものとする．

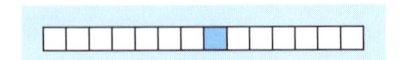

図 10.1　正準集団の概念図

したがって，M 個全体のエネルギーは保存される．このような体系の集団を想定し，その統計的な平均が実際に観測される物理量と結び付くと考える．いまの問題では体系の粒子数は一定値 N に保たれるとするが，このように各体系の粒子数が一定であるような集団を**正準集団**という．体系を構成する粒子が独立であるとすれば，正準集団は小正準集団（p.78）に帰着する．

● **正準分布** ● 1つの体系に対する Γ 空間を体積 a の細胞に分割し，i 番目の細胞のエネルギーを E_i，M 個の内，この状態をとる体系の数を M_i とする．$p_i = M_i/M$ は体系が i の状態をとる確率で熱平衡のとき

$$p_i = \frac{\exp(-\beta E_i)}{Z} \tag{10.2}$$

$$Z = \sum_i \exp(-\beta E_i) \tag{10.3}$$

と表される（例題1）．上の分布を**正準分布**，Z を**分配関数**という．

例題 1 ——————————————————————————— 正準分布の導出

第 8 章と同様な方法を用いて (10.2) の正準分布を導出せよ.

[解答] M 個全体の位相空間は (10.1) の M 倍, すなわち $2fM$ 個の変数で記述される. これを Γ_0 空間と呼ぼう. M 個のものを $M_1, M_2, \cdots, M_i, \cdots$ 個に分ける配置数 W は

$$W = \frac{M!}{M_1! M_2! \cdots M_i! \cdots} \tag{1}$$

で与えられる. Γ 空間と Γ_0 空間との関係は, μ 空間と Γ 空間との関係と同じである. Γ 空間を体積 a の細胞に分割したので, 分割に伴う体積の 1 つの分割法が Γ_0 空間の a^M の体積の細胞に相当する. このため上記の $(M_1, M_2, \cdots)$ の組を与える Γ_0 空間内の体積は W と a^M の積をとり Wa^M となる. Γ_0 空間に対してエルゴード仮説を適用すると, Γ_0 空間内のある体積を占める確率はその体積に比例し $(M_1, M_2, \cdots)$ の組が実現する確率は W に比例する. そこで W が最大になるような M_i を求めよう. W を最大にする物理的な理由は 8.4 節と同様であるが, これについては問題 1.2 を参照せよ. いまの場合

$$\sum_i M_i = M \tag{2}$$

$$\sum_i E_i M_i = E_0 \ (= 定数) \tag{3}$$

の条件下で $\ln W = $ 最大 とすればよい. M_i に変分 δM_i を与えたとき, (2),(3) から

$$\sum_i \delta M_i = 0, \quad \sum_i E_i \delta M_i = 0 \tag{4}$$

となる. 8.2 節で $n_i \to M_i$ という置き換えを行えば, (8.8)(p.82) に対応して

$$\sum_i \ln M_i \delta M_i = 0 \tag{5}$$

が得られる. ラグランジュの未定乗数法を利用すると (4),(5) から $\ln M_i + \alpha + \beta E_i = 0$ で, M_i を解くと $M_i = \exp(-\alpha - \beta E_i)$ となる. $\exp(-\alpha) = M/Z$ とおけば

$$p_i = \frac{M_i}{M} = \frac{\exp(-\beta E_i)}{Z}$$

となって (10.2) が求まる. $\sum_i p_i = 1$ が成立するので (10.3) が得られる.

問題

1.1 正準集団を考えたとき, エントロピー S と配置数 W との関係, すなわちボルツマンの原理はどのように表されるか.

1.2 問題 1.1 で導いた表式をもとに, W を最大化した物理的な理由について述べよ.

1.3 Γ 空間を体積 a の細胞に分割したと考えた場合, 分配関数 Z はどのような形に表されるか.

10.2 分配関数

● 分配関数の物理的な意味 ● 分配関数 Z は数学的には確率を規格化するため導入されたが，それ以上の物理的な意味をもつ．その事情は 8.4 節の場合と同様である．Z の性質を調べるため，体積を一定に保ち β を $\beta + d\beta$ と変化させたとし，このときの $\ln Z$ の変化を考察する．体積が一定であれば E_i も一定であると考えられるので，(10.3) から体積 V が一定のとき

$$d(\ln Z) = \frac{dZ}{Z} = \frac{-\sum_i E_i \exp(-\beta E_i)}{\sum_i \exp(-\beta E_i)} d\beta$$

が得られる．ここで，正準分布に対するエネルギーの平均値 $\langle E \rangle$ が

$$\langle E \rangle = \sum_i E_i p_i = \frac{\sum_i E_i \exp(-\beta E_i)}{\sum_i \exp(-\beta E_i)} \tag{10.4}$$

と書けることに注意すれば

$$d(\ln Z) = -\langle E \rangle d\beta \tag{10.5}$$

が得られる．

● 熱力学との対応 ● 熱力学の立場でいえば $\langle E \rangle$ は体系の内部エネルギーである．(10.2) (p.104) の分子はボルツマン因子であり，したがって β はこれまでと同様 $\beta = 1/k_B T$ で与えられる．これを (10.5) に代入すると

$$d(\ln Z) = \langle E \rangle \frac{dT}{k_B T^2} \tag{10.6}$$

となる．一方，体積が一定のときギブス–ヘルムホルツの式は

$$d\left(\frac{F}{T}\right) = -U \frac{dT}{T^2} \tag{10.7}$$

と表される．$U = \langle E \rangle$ であるから，(10.6) と (10.7) とを比べることにより，ヘルムホルツの自由エネルギー F に対する

$$F = -k_B T \ln Z \tag{10.8}$$

の関係が導かれる．(10.8) は統計力学における基本的な方程式で，体系のミクロな性質に基づき Z を求めれば，マクロな熱力学的物理量が導かれることを意味している．熱平衡が成り立つ場合，統計力学の 1 つの重要な課題は分配関数を計算することで，ひとたび分配関数が計算できれば関連する物理量は熱力学に従い求められる．その際，厳密に分配関数が求まる場合もあれば適当な近似を導入せざるを得ないこともある．これらの例については p.108 以下に学ぶ．

10.2 分配関数

● **量子統計力学への一般化** ● 古典統計力学の基礎となった出発点を列記すると

(a) $W = \dfrac{M!}{\prod M_i!}$, $\sum M_i = M$, $\sum E_i M_i = E_0$,

(b) $(M_1, M_2, \cdots)$ の組が実現する確率は W に比例する,

(c) 熱平衡状態では W は最大になっている,

という3点であった. 量子論においても (a) の最初の2つは成立する. また, 体系 A と体系 B があり, その間の相互作用が無視できれば系全体のエネルギー E は $E = E_A + E_B$ と書ける. ここで E_A, E_B はそれぞれ A 系, B 系のエネルギー固有値である. この関係を一般化すれば (a) の最後の条件も量子論で成立する. したがって, (b), (c) を認めると, 量子論でも古典論とまったく並行な議論が可能である. (b) はエルゴード仮説を量子論に拡張したもので, M 個全体を考えたとき, その可能な量子状態は同じ確率で実現されるといい直してもよい. あるいは, これを M 個全体の**先験的確率**は等しいとも表現する. 量子統計力学でも (a)~(c) が成り立つと仮定するので, (10.2), (10.3) (p.104) が導かれる. (10.3) の $\sum$ は体系のエネルギーの固有状態に対する総和を意味し, Z が別名**状態和**と呼ばれる理由でもある. β, Z の物理的な意味は古典統計力学でも量子統計力学でも同じである.

参考 **正準分布の物理的な意味** 10.1 節で導入した変数 β は M 個の体系のどれにも共通であり, 古典論でも量子論でも温度の役割をもつと期待される. とくに, M 個の内の1つに注目すればその体系が, 他のものとエネルギーのやりとりをして, エネルギー E_i の状態を占める確率 p_i が

$$p_i = \frac{\exp(-\beta E_i)}{\sum \exp(-\beta E_i)}$$

と表される. 注目する体系以外のものを熱源と考えれば, 正準分布は熱源と接触して熱平衡にある体系の確率分布を表すと考えられる. なお, 8.1 節で言及した Γ 空間中の $E \sim E + \Delta E$ の範囲内での分布を**小正準分布**という.

=== **時間平均と集団平均** ===

正準集団中の1個の体系の位相空間は (10.1) で指定される. 代表点は力学の法則に従い運動するが, 長時間をとり Γ 空間内のある領域を占める確率を考え, 物理量の時間平均が巨視的に観測される量とみなす. これが統計力学の基本的な考え方である. この考え方は1個のさいころをとりそれを何回もふり, 例えば1の目の出る確率を求めるのと似ている. この確率は 1/6 だが, 同じさいころを何回もふるのはいわば時間平均をとることに相当する. 上記の確率を求めるとき寸分違わぬさいころを多数 (例えば1万個) 準備し, それらをいっせいにふり1の目の出る確率を求めてもよい. このような統計集団に関する集団平均が正準分布に対応している. なお集団のアイディアを提唱したのはアメリカの物理学者ギブス (1839-1903) である.

例題 2 ── 自由粒子の集団

体系を構成する粒子の間に相互作用が働かない自由粒子の集まりを考える．1,2,…番目の粒子のエネルギーを $e^{(1)}, e^{(2)}, \cdots$ などと表せば，系全体のエネルギー E は

$$E = e^{(1)} + e^{(2)} + \cdots \tag{1}$$

と書ける．このような自由粒子の集まりに関する以下の設問に答えよ．

(a) 系全体の分配関数と個々の粒子の分配関数との関係について考察せよ．
(b) 個々の粒子のマクスウェル–ボルツマン分布を導け．

[解答] (a) 系全体の分配関数 Z は (1) を利用し

$$Z = \sum \exp[-\beta(e^{(1)} + e^{(2)} + \cdots)] \tag{2}$$

となる．$\sum$ は可能な状態に関する和である．1個の粒子に対する分配関数 f は

$$f = \sum \exp(-\beta e)$$

と書けるので，(2) から $Z = f^N$ が得られる．小正準分布の場合には $e^{(1)} + e^{(2)} + \cdots =$ 一定 という制限がつく．しかし正準分布ではそのような制限はないので (2) で各粒子のエネルギーは独立に変わるとして和をとればよい．

(b) 例えば1番目の粒子に注目し，(10.2)(p.104)でそれ以外の粒子の状態について和をとれば，この和は分母，分子で消える．こうして，1つの粒子が e の状態をとる確率は $\exp(-\beta e)$ に比例し，マクスウェル–ボルツマン分布が得られる．

[参考] **単原子分子の理想気体への応用**　単原子分子の理想気体を考え，Γ 空間を体積 a の細胞に分割し，(10.3) の i に関する和を Γ 空間中での積分で表そう（問題 1.3）．(9.3)(p.90) の直下で述べた $N!$ による割り算を考慮すると $\beta = 1/k_B T$ を使い

$$Z = \frac{1}{N! a} \int \prod d\boldsymbol{r} d\boldsymbol{p} \exp\left[-\frac{1}{k_B T} \sum \frac{1}{2m}(p_x^2 + p_y^2 + p_z^2)\right]$$

と書ける．ただし，$\prod, \sum$ はそれぞれすべての粒子に関する積，和を意味する．上式から Z は $Z = V^N (2\pi m k_B T)^{3N/2} / N! a$ と計算される．1個の粒子に対する量子力学の不確定性関係は h をプランク定数として $\Delta x \Delta p_x \simeq h$ と書ける．このような考えから体積 a を $a = h^{3N}$ ととる．その結果，Z は次のように表される．

$$Z = \frac{V^N (2\pi m k_B T)^{3N/2}}{N! h^{3N}}$$

問題

2.1 上記の Z からヘルムホルツの自由エネルギー F を求め，結果を (9.4)(p.90) と比較せよ．

2.2 体系が正準分布するとき，その体系の圧力 p を分配関数で表す一般的な公式を導出せよ．

10.2 分配関数

● **不完全気体** ● 粒子の間に相互作用が働くような気体を**不完全気体**という．現実の気体は多かれ少なかれ不完全気体である．粒子間の相互作用を記述するポテンシャル U は一般に粒子の座標 $r_1, r_2, \cdots, r_N$ の関数で，この場合の全系のエネルギーは

$$E = \sum \frac{1}{2m}(p_x^2 + p_y^2 + p_z^2) + U \tag{10.9}$$

と表される．ただし，上式の $\sum$ はすべての粒子に関する和を意味する．系全体の分配関数 Z は

$$Z = \frac{1}{N!a} \int \prod dr dp \exp\left[-\frac{1}{k_B T}\sum \frac{1}{2m}(p_x^2 + p_y^2 + p_z^2) - \frac{U}{k_B T}\right] \tag{10.10}$$

で与えられる．運動量に関する積分を実行し $a = h^{3N}$ とおけば，(10.10) は

$$Z = \frac{(2\pi m k_B T)^{3N/2}}{N! h^{3N}} Q \tag{10.11}$$

と表される．ただし，Q は次式で定義される．

$$Q = \int \prod dr \exp\left(-\frac{U}{k_B T}\right) \tag{10.12}$$

理想気体では $U = 0$ で Q は V^N となり，(10.12) から左ページの結果が得られる．

● **ビリアル展開** ● 不完全気体の状態方程式では理想気体に対する補正項が加わり

$$\frac{pV}{Nk_B T} = 1 + B\rho + C\rho^2 + \cdots \tag{10.13}$$

と表される．ここで ρ は気体の数密度で $\rho = N/V$ と定義される．(10.13) のような展開をビリアル展開，B, C をそれぞれ**第 2 ビリアル係数**，**第 3 ビリアル係数**という．

● **第 2 ビリアル係数の表式** ● i 番目の粒子と j 番目の粒子との間に働くポテンシャルを v_{ij} とする．2 体力の場合，粒子全体のポテンシャルエネルギー U は

$$U = \sum_{i<j} v_{ij} \tag{10.14}$$

で与えられる．v_{ij} は通常 $r_i - r_j$ の大きさ r の関数である．ここで $\beta = 1/k_B T$ の記号を使い，次の関係

$$\exp(-\beta v_{ij}) = 1 + f_{ij} \tag{10.15}$$

で関数 f_{ij} を定義する．f_{ij} を**マイヤーの f 関数**という．$r \to \infty$ の極限で $v_{ij} \to 0$ となるので，(10.15) からわかるように f_{ij} も同じ性質をもち $r \to \infty$ の極限で $f_{ij} \to 0$ となる．第 2 ビリアル係数は

$$B = -\frac{1}{2}\int f(r) dr = -2\pi \int_0^\infty f(r) r^2 dr \tag{10.16}$$

と表される（例題 3）．現在では (10.13) の各項の一般的な構造が知られている．通常は第 2 ビリアル係数の温度依存性からポテンシャルに含まれる定数を決める．

---例題 3--- 第 2 ビリアル係数---

(10.12) で定義した Q を f の 1 次の項まで展開し第 2 ビリアル係数 B に対する (10.16) の表式を導け．

[解答] (10.14) (p.109) の U に対する関係から
$$e^{-\beta U} = e^{-\beta v_{12}} e^{-\beta v_{13}} \cdots e^{-\beta v_{N-1,N}}$$
$$= (1+f_{12})(1+f_{13})\cdots(1+f_{N-1,N}) = 1 + \sum_{i<j} f_{ij} + \cdots$$

となり，粒子のペアの総数が $N(N-1)/2$ であることに注意すると，上の近似の範囲内で (10.12) の Q は

$$Q = \int d\boldsymbol{r}_1 d\boldsymbol{r}_2 \cdots d\boldsymbol{r}_N \left(1 + \sum_{i<j} f_{ij} + \cdots \right) = V^N + \frac{N^2}{2} V^{N-2} \int f_{12} d\boldsymbol{r}_1 d\boldsymbol{r}_2 + \cdots$$

と表される．ただし，N は非常に大きいので $N-1 \simeq N$ とした．通常，v_{12} は粒子 1，2 間の距離 $r_{12} \to \infty$ の極限で急速に 0 に近づき，同様な事情が f_{12} にも成り立つ．したがって，$\boldsymbol{r}_1$ を固定したとき，上式の $\boldsymbol{r}_2$ に関する積分は事実上，全空間にわたると考えてよい．その結果，$\boldsymbol{r}_1$ の積分は体積 V をもたらすので

$$Q = V^N \left(1 + \frac{N^2}{2V} \int f(r) d\boldsymbol{r} \right)$$

が得られる．$\ln(1+x) \simeq x$ の関係を利用すると，上式と (10.11) を組み合わせて

$$\ln Z = \ln \left[\frac{(2\pi m k_B T)^{3N/2}}{N! h^{3N}} \right] + N \ln V + \frac{N^2}{2V} \int f(r) d\boldsymbol{r} + \cdots$$

となる．圧力 p は $p = -(\partial F/\partial V)_T = k_B T (\partial \ln Z/\partial V)_T$ と書け，上記の $\ln Z$ を代入し整理すると

$$\frac{pV}{Nk_B T} = 1 - \frac{\rho}{2} \int f(r) d\boldsymbol{r} + \cdots$$

が得られる．これから (10.16) の第 2 ビリアル係数に対する表式が導かれる．

～～ 問 題 ～～

3.1
$$v(r) = \begin{cases} 0 & (r > a) \\ \infty & (r < a) \end{cases}$$
の $v(r)$ を剛体球ポテンシャルという．このポテンシャルの物理的な意味を述べ，このときの第 2 ビリアル係数を求めよ．

3.2 ヘリウム原子を直径 2Å の剛体球とみなしたとき，標準状態 (0°C，1 気圧) で理想気体の状態方程式に何 % の補正項が加わるか．

10.2 分配関数

● **1次元イジング模型** ● 正準集合の分配関数 Z が厳密に求まる例として，最近接相互作用が働く1次元のイジング模型を考える．図 10.2 のように，リング状に N 個のイジング・スピンが置かれた1次元のイジング模型がある．スピン1個当たりの磁気モーメントの大きさを μ とし，最近接するスピンの間には**交換相互作用**が働いてスピンは互いに平行になる傾向をもつとする．j 番目のイジング・

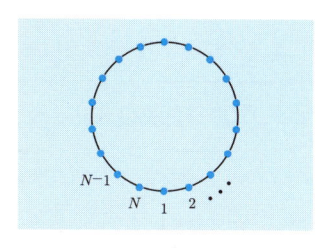

図 10.2 1次元イジング模型

スピンを記述するため変数 s_j を導入し，上向きスピンは $s_j = 1$，下向きスピンは $s_j = -1$ で表されるとする．$j, j+1$ のスピン間の相互作用は $-Js_j s_{j+1}$ と書け $(J>0)$，外部から大きさ B の磁束密度がスピンと平行な方向に印加されているとする．系全体のエネルギー E は

$$E = -J\sum_{j=1}^{N} s_j s_{j+1} - \mu B \sum_{j=1}^{N} s_j \tag{10.17}$$

と表される．ただし，$s_{N+1} = s_1$ である．Z は

$$Z = \sum_{s_1 \cdots s_N} e^{K(s_1 s_2 + \cdots + s_N s_1) + C(s_1 + \cdots + s_N)} \tag{10.18}$$

で与えられる．(10.18) で，K, C は次式で定義される．

$$K = \beta J, \quad C = \beta \mu B \tag{10.19}$$

● **伝送行列** ● 2行2列の行列 U を導入し，その行列要素は

$$\langle s_1|U|s_2\rangle = e^{Ks_1 s_2 + C(s_1+s_2)/2} \tag{10.20}$$

と書けるとする．(10.18) の Z は

$$Z = \sum_{s_1 \cdots s_N} \langle s_1|U|s_2\rangle \langle s_2|U|s_3\rangle \cdots \langle s_N|U|s_1\rangle \tag{10.21}$$

と表される．$\langle s_1|U|s_2\rangle$ はいわば s_2 の状態を s_1 の状態に移すような機能をもつので，U を**伝送行列**という．行列の掛け算により $\sum_{s_2}\langle s_1|U|s_2\rangle\langle s_2|U|s_3\rangle = \langle s_1|U^2|s_3\rangle$ が成り立つので，(10.21) は次式のようになる．

$$Z = \sum_{s_1}\langle s_1|U^N|s_1\rangle = \mathrm{tr}(U^N) \tag{10.22}$$

● **固有値問題** ● 一般に，任意の行列を A とすれば

$$\mathrm{tr}\,A = \mathrm{tr}(T^{-1}AT) \tag{10.23}$$

の関係が成立する．ただし，T^{-1} は T の逆行列である．これを使うと，$T^{-1}UT = U'$ とおき (10.22) は $Z = \mathrm{tr}(U'^N)$ と書き直せる．(10.20) からわかるように U は対称行列であり，適当な直交行列 T により U は対角化される．U は 2×2 の行列なので固有値問題が容易に解け，熱力学関数を求まることができる（例題 4）．

---**例題 4**---───────────────**1次元イジング模型の固有値問題**───

1次元イジング模型の固有値問題を解き，N が十分大きいときの $\ln Z$ を求めよ．

[解答] U が対角線化され

$$U' = T^{-1}UT = \begin{bmatrix} \lambda_1 & 0 \\ 0 & \lambda_2 \end{bmatrix}$$

という形になったとする．その結果，Z は $Z = \mathrm{tr}(U'^N) = \lambda_1^N + \lambda_2^N$ と表される．ここで $\lambda_1 > \lambda_2$ とすれば $Z = \lambda_1^N[1+(\lambda_2/\lambda_1)^N]$ と書けるので，$N \to \infty$ の極限で $(\lambda_2/\lambda_1)^N \to 0$ が成り立ち $Z = \lambda_1^N$ としてよい．λ_1, λ_2 は行列 U の固有値であるが，いまの場合，(10.20) により U は

$$U = \begin{bmatrix} e^{K+C} & e^{-K} \\ e^{-K} & e^{K-C} \end{bmatrix}$$

と書ける．この行列の固有値は次の永年方程式の解である．

$$\begin{vmatrix} e^{K+C} - \lambda & e^{-K} \\ e^{-K} & e^{K-C} - \lambda \end{vmatrix} = 0$$

上式は $e^{2K} - \lambda e^K(e^C + e^{-C}) + \lambda^2 - e^{-2K} = 0$ となるが，$\mathrm{ch}\, C = (e^C + e^{-C})/2$ に注意すると $\lambda^2 - 2\lambda e^K \mathrm{ch}\, C + e^{2K} - e^{-2K} = 0$ が得られる．この2次方程式を解き

$$\lambda = e^K \mathrm{ch}\, C \pm \sqrt{e^{2K} \mathrm{ch}^2 C - (e^{2K} - e^{-2K})}$$

であるが，$\mathrm{ch}^2 C - \mathrm{sh}^2 C = 1$ を利用すると $\lambda = e^K \mathrm{ch}\, C \pm \sqrt{e^{2K} \mathrm{sh}^2 C + e^{-2K}}$ となる．根号前の $+$ を採用したものが大きな固有値を与えるから λ_1 は $\lambda_1 = e^K \mathrm{ch}\, C + \sqrt{e^{2K} \mathrm{sh}^2 C + e^{-2K}}$ と表される．また，前述のように $Z = \lambda_1^N$ としてよいので $\ln Z = N \ln \lambda_1$ と書ける．

── **問 題** ──

4.1 $e^{K s_i s_{i+1}} = \mathrm{ch}\, K + s_i s_{i+1} \mathrm{sh}\, K$ の関係を証明し，これを利用して磁場がないときの Z を計算せよ．

4.2 磁場がないときの1次元イジング模型の全系のエネルギーの平均値を求めよ．

4.3 磁束密度（大きさ B）の磁場中の1次元イジング模型に対し，次の問に答えよ．
 (a) スピン1個当たりの磁気モーメントの平均値 $\langle \mu_z \rangle$ を求めよ．
 (b) B が小さい場合，B の1次を考え $\langle \mu_z \rangle = \chi B$ としたときの χ をスピン1個当たりの**磁化率**という．χ を計算せよ．

10.2 分配関数

=== 2次元イジング模型 ===

磁場のかからない2次元イジング模型の Z は厳密に計算でき，しかも相転移を示すという意味で物理的に興味ある体系である．ここではその詳細に立ち入らず厳密解を求める基本的なアイディアを説明し，結果を示そう．また，厳密解にまつわるエピソードも紹介する．図10.3 のように n 個のイジング・スピンが垂直線上にあり，最近接のスピン間には (10.17) と同様 $-J$ の交換相互作用が働くとする．図10.3 で，平行線上にある最近接のスピン同士には $-J'$ の相互作用が働くとし

$$\langle s_1 \cdots s_n | U | s'_1 \cdots s'_n \rangle = e^{K(s_1 s_2 + \cdots + s_n s_1) + K'(s_1 s'_1 + \cdots + s_n s'_n)}$$

の伝送行列を導入する．ただし，$K = \beta J$, $K' = \beta J'$ である．周期的な境界条件が成り立ち，$s_{n+1} = s_1$ であるとする．また図10.3 のように $1, 2, \cdots, m$ と番号をふったとき $m+1$ は 1 と同じとする．したがって，実際は図10.4 のようなトーラス上のネットを扱うことになる．オンサーガーは超複雑な代数的方法を用いて上の伝送行列に対する固有値問題を解いた．その結果，$N = mn \to \infty$ として $\ln Z$ に対する以下の厳密解を導いた．

$$\frac{\ln Z}{N} = \ln 2 + \frac{1}{2\pi^2} \int_0^\pi \int_0^\pi d\omega d\omega' \ln(\operatorname{ch} 2K \operatorname{ch} 2K' - \operatorname{sh} 2K \cos\omega - \operatorname{sh} 2K' \cos\omega')$$

オンサーガー（1903-1976）が上の厳密解を発表したのは 1944 年のことである．この年は第二次世界大戦終戦の 1 年前にあたり，著者は中学 2 年生であった．ちょうど戦時中の勤労動員の最中で風船爆弾の球体設計を命じられていた．終戦後，我が国の物理学者もオンサーガーの厳密解を知ることとなり，この方面での秀れた研究業績がいくつか発表された．著者もその成果を研究に利用させていただいたことがある．オンサーガーは 1968 年，相反定理の発見という業績によりノーベル化学賞を受賞したが，2次元イジング模型の厳密解はそれと同様，統計力学に対する重要な寄与であったといえよう．

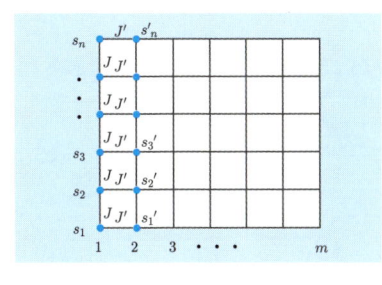

図 10.3　2次元イジング模型

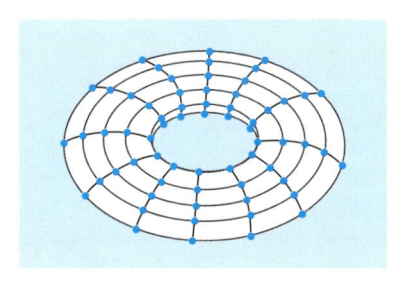

図 10.4　トーラス上のネット

10.3 大正準集団

● **粒子の交換** ● 正準集団ではエネルギーが互いに交換できるような体系の集団を考えた．ここでは，エネルギーだけでなく，さらに粒子の交換も可能な場合を考察しよう．このような集団を**大正準集団**という．図 10.1（p.104）で体系間の壁を通じてエネルギーと粒子が自由に交換する場合を想像すればよい．ただし，各体系は一定の体積 V をもつとする．以下，さしあたり 1 種類の粒子から成り立つ体系を扱う．例題 5 で n 種類の粒子から構成される多成分系の場合を扱うが 1 成分系のときには $n=1$ とすればよい．粒子の交換を許したのだから，1 つの体系中の粒子数 N は一定でなく原理的には 0 から ∞ まで変化する．N が変わると，それに伴い体系を記述する Γ 空間の構造も変わるが，N を固定したとき体系を表す Γ 空間内の i 番目の細胞に相当するエネルギーを $E_{N,i}$ と書く．現在の問題では体系の状態を指定する変数として N, i の 2 つが必要となる．n 成分系の場合には例題 5 で学ぶように体系中の粒子数は $N_1, \cdots, N_n$ で記述される．

● **大正準分布と大分配関数** ● M 個の体系の内，状態 N, i にあるものの数を $M_{N,i}$ としよう．M 個のものをそのように分ける配置数を W とすれば，W はこれまでと同じような議論で求まり

$$W = \frac{M!}{\prod_{N,i} M_{N,i}!} \tag{10.24}$$

で与えられる．上の結果は例題 5 で $n=1$ とし $N_1 = N$ とおいたものと一致する．M 個の体系全体の粒子数，エネルギーを一定に保つという条件下で上の W を最大化すると，前節の正準分布を一般化した結果が求まる．ここで

$$p_{N,i} = \frac{M_{N,i}}{M} \tag{10.25}$$

は 1 つの体系が粒子数 N をもち，エネルギーが $E_{N,i}$ の状態をとる確率であるが，これは

$$p_{N,i} = \frac{\lambda^N \exp(-\beta E_{N,i})}{Z_\mathrm{G}} \tag{10.26}$$

と書ける．確率の規格化条件から Z_G は

$$Z_\mathrm{G} = \sum_{N,i} \lambda^N \exp(-\beta E_{N,i}) \tag{10.27}$$

と表される．(10.26) の分布を**大正準分布**，λ を**フガシティ**，Z_G を**大分配関数**という．フガシティは別名**逃散能**と呼ばれ，系の化学ポテンシャルと結びついている．両者の関係については 10.4 節で学ぶ．

10.3 大正準集団

---**例題 5**---------------------------------**多成分系の大正準分布**---
n 種類の粒子から構成される多成分系の大正準分布について論じよ．

[解答] 各粒子数を $N_1, N_2, \cdots, N_n$ とすれば，大正準集団の場合，これらは 0 から ∞ まで変化する変数である．記号を簡単化するためこれらをまとめて (N) と記す．すなわち
$$(N) = N_1, N_2, \cdots, N_n$$
である．(N) を指定したとき Γ 空間内の i 番目の細胞のエネルギーを $E_{(N),i}$ とし，M 個の体系の内，この状態にあるものの数を $M_{(N),i}$ と書く．以下，$\prod$ または $\sum$ の記号は $(N), i$ に関する積または和を表す．また，M 個の系全体のエネルギーを一定値 E_0，種類 j の粒子の総数を一定値 N_{j0} に保つ $(j = 1, 2, \cdots, n)$．配置数 W は
$$W = \frac{M!}{\prod M_{(N),i}!}$$
で与えられ，また条件として
$$\sum M_{(N),i} = M, \quad \sum E_{(N),i} M_{(N),i} = E_0, \quad \sum N_j M_{(N),i} = N_{j0} \quad (j = 1, 2, \cdots, n)$$
が課せられる．これらの条件下で $\ln W$ を極大にするための方程式は
$$\sum \ln M_{(N),i} \delta M_{(N),i} = 0, \quad \sum \delta M_{(N),i} = 0, \quad \sum E_{(N),i} \delta M_{(N),i} = 0$$
$$\sum N_j \delta M_{(N),i} = 0 \quad (j = 1, 2, \cdots, n)$$
と表される．ラグランジュの未定乗数法を使うと
$$\sum \left(\ln M_{(N),i} + \alpha + \beta E_{(N),i} + \sum_j \gamma_j N_j \right) \delta M_{(N),i} = 0$$
となる．上式で $\delta M_{(N),i}$ の係数を 0 とおき，$e^{-\alpha} = M/Z_\mathrm{G}$，$e^{-\gamma_j} = \lambda_j$ とすれば
$$M_{(N),i} = \frac{M}{Z_\mathrm{G}} \lambda_1^{N_1} \lambda_2^{N_2} \cdots \lambda_n^{N_n} \exp(-\beta E_{(N),i})$$
となり，分母の大分配関数 Z_G は
$$Z_\mathrm{G} = \sum \lambda_1^{N_1} \lambda_2^{N_2} \cdots \lambda_n^{N_n} \exp(-\beta E_{(N),i})$$
と書ける．1つの体系が $(N), i$ の状態を占める確率 $p_{(N),i}$ は
$$p_{(N),i} = \frac{M_{(N),i}}{M} = \frac{\lambda_1^{N_1} \lambda_2^{N_2} \cdots \lambda_n^{N_n} \exp(-\beta E_{(N),i})}{Z_\mathrm{G}}$$
で与えられ，上式が n 成分系に対する大正準分布を表す．

～～～ **問 題** ～～～

5.1 $n = 1$ の1成分系の場合，例題5の結果は左ページに論じたものに帰着することを示せ．

5.2 N_j の平均値に対する $\langle N_j \rangle = \lambda_j \partial \ln Z_\mathrm{G}/\partial \lambda_j$ の関係を導け．ただし，偏微分は微分する変数以外を一定に保つことの意味である．

10.4 大分配関数

● **大分配関数の物理的な意味** ● (10.26) (p.114) 中にはボルツマン因子に相当する $\exp(-\beta E_{N,i})$ が現れるから β は従来通り $\beta = 1/k_\mathrm{B}T$ であることがわかる．また，2つの体系の間で自由に粒子が交換するとき，5.7 節で学んだように平衡状態では両体系の化学ポテンシャルは同じとなる．前節で導入した λ は各体系で等しいから，それは化学ポテンシャルと関係していると期待される．この点を明確にするため，1 成分系を考え，体積を一定に保って，$\beta \to \beta + d\beta$, $\lambda \to \lambda + d\lambda$ と変化させたとする．$E_{N,i}$ を簡単に E と書くと，これに伴う $\ln Z_\mathrm{G}$ の変化は (10.27) (p.114) により

$$d(\ln Z_\mathrm{G}) = \frac{-\sum E\lambda^N \exp(-\beta E)d\beta}{Z_\mathrm{G}} + \frac{\sum N\lambda^{N-1}\exp(-\beta E)d\lambda}{Z_\mathrm{G}}$$
$$= -\langle E \rangle d\beta + \langle N \rangle \frac{d\lambda}{\lambda} \tag{10.28}$$

と表される．ただし，$\langle E \rangle, \langle N \rangle$ はそれぞれエネルギー，粒子数の大正準分布に関する平均値である．

● **多成分系に対する拡張** ● (10.28) は多成分系に対して拡張できる．体積 V を一定に保てば例題 5 の $E_{(N),i}$ は変わらないので，$\beta \to \beta + d\beta$, $\lambda_j \to \lambda_j + d\lambda_j$ $(j = 1, 2, \cdots, n)$ と変化させるとき，(10.28) に対応して次式が得られる．

$$d(\ln Z_\mathrm{G}) = -\langle E \rangle d\beta + \sum_j \langle N_j \rangle \frac{d\lambda_j}{\lambda_j} \tag{10.29}$$

● **熱力学との比較** ● 正準分布のとき分配関数の物理的な意味を調べるのは，得られた結果と熱力学のギブス–ヘルムホルツの式とを比較することであった．大正準集団の場合，これに相当する n 成分系に対する熱力学的な関係は

$$d\left(\frac{pV}{T}\right) = \frac{U}{T^2}dT + \sum_j N_j d\left(\frac{\mu_j}{T}\right) + \frac{p}{T}dV \tag{10.30}$$

である（例題 6）．また (10.29) に $\beta = 1/k_\mathrm{B}T$ を代入し，少し書き換えると

$$d(\ln Z_\mathrm{G}) = \frac{\langle E \rangle}{k_\mathrm{B}T^2}dT + \sum_j \langle N_j \rangle d(\ln \lambda_j) \tag{10.31}$$

となる．熱力学での U, N_j は統計力学における $\langle E \rangle, \langle N_j \rangle$ に等しいと考えられる．したがって，(10.30) で $V = $ 一定 とし，(10.31) と比較すれば次の結果が導かれる．

$$pV = k_\mathrm{B}T \ln Z_\mathrm{G} \tag{10.32}$$

$$\ln \lambda_j = \frac{\mu_j}{k_\mathrm{B}T} \quad \therefore \quad \lambda_j = \exp\left(\frac{\mu_j}{k_\mathrm{B}T}\right) \tag{10.33}$$

10.4 大分配関数

例題 6 ────────────────────────────── 熱力学における関係 ──

n 成分系に対する熱力学の法則を利用して (10.30) の関係を導け.

[解答] 一般に, pV/T の微分は

$$d\left(\frac{pV}{T}\right) = \frac{Vdp}{T} + pd\left(\frac{V}{T}\right)$$

と書ける. p.58 の問題 8.4 で述べた n 成分系に対するギブス–デュエムの関係

$$Vdp = SdT + \sum N_j d\mu_j$$

を適用する. ただし, $\sum$ は j に関する和を意味する. $d(V/T)$ の微分を実行すると

$$d\left(\frac{pV}{T}\right) = \frac{SdT + \sum N_j d\mu_j}{T} - \frac{pV}{T^2}dT + \frac{p}{T}dV$$

が得られる. ここで

$$\frac{d\mu_j}{T} = d\left(\frac{\mu_j}{T}\right) + \mu_j \frac{dT}{T^2}$$

と書けるので

$$d\left(\frac{pV}{T}\right) = \frac{TS + \sum N_j \mu_j - pV}{T^2}dT + \sum N_j d\left(\frac{\mu_j}{T}\right) + \frac{p}{T}dV$$

と表される. 上式に

$$G = \sum N_j \mu_j = U - TS + pV$$

を利用し, 右辺第 1 項を書き直すと次式が導かれる.

$$d\left(\frac{pV}{T}\right) = \frac{U}{T^2}dT + \sum N_j d\left(\frac{\mu_j}{T}\right) + \frac{p}{T}dV$$

上式は (10.30) と一致する.

問題

6.1 (10.26), (10.27) (p.114) の大正準分布, 大分配関数は化学ポテンシャルを使うとどのように表されるか.

6.2 (10.32) は一種の状態方程式を与える. しかし, この式には粒子数があらわに現れていないので, 通常の形の状態方程式を導くには λ を $\langle N \rangle$ の関数として求める必要がある. このため, 1 成分系を考え (10.28) で β を一定として

$$\frac{\langle N \rangle}{\lambda} = \left(\frac{\partial \ln Z_G}{\partial \lambda}\right)_\beta$$

を導き, 上式を使えば原理的に通常の状態方程式が得られることを示せ.

6.3 $Z_G = \exp(-\beta \Omega)$ と定義された Ω を**熱力学ポテンシャル**という. これは一般に示量性の物理量であることを証明せよ.

10 正準集団と大正準集団

● **多粒子系の量子力学**　10.2節で述べたように，正準集団の Z を考えたとき Γ 空間での和を量子状態にわたる和とすれば 古典 → 量子 という移行が行われる．この事情は Z_G でも同様である．ただし，量子力学には多粒子系に対する特有な対称性があり，量子統計力学ではこれを考慮しなければならない．この対称性をみるため，系全体のハミルトニアン H は各粒子のものの和とする．具体的には，体積 V の箱中を運動する N 個の自由粒子を想像すればよい．i 番目の粒子のハミルトニアンを $H^{(i)}$ とすれば

$$H = H^{(1)} + H^{(2)} + \cdots + H^{(N)} \tag{10.34}$$

が成り立つ．例えば粒子1の量子の位置ベクトル，スピン座標をまとめて1という記号で表すと，系全体のエネルギー E を決めるべきシュレーディンガー方程式は

$$H\psi(1,2,\cdots,N) = E\psi(1,2,\cdots,N) \tag{10.35}$$

と書ける．(10.35) の数学的な解は

$$\psi(1,2,\cdots,N) = \psi_{r_1}(1)\psi_{r_2}(2)\cdots\psi_{r_N}(N) \tag{10.36}$$

$$E = e_{r_1} + e_{r_2} + \cdots + e_{r_N} \tag{10.37}$$

と表される．ただし，e_{r_i} は

$$H^{(i)}\psi_{r_i}(i) = e_{r_i}\psi_{r_i}(i) \tag{10.38}$$

を満たす1つの粒子のエネルギー固有値を意味する．具体的には r は箱中の粒子の場合（右ページ参照）波数 k とスピンの状態をまとめて表す記号である．r で決められる状態を**一粒子状態**という．

● **量子統計**　(10.36) の波動関数は1番目の粒子が r_1 という状態を，2番目の粒子が r_2 という状態を，$\cdots$ 占有している場合に相当し，いわば粒子の個性を認めている．しかし，量子力学ではそのような個性を否定し，もっと制限された波動関数が許されるとする．一般に，量子力学で扱う粒子はスピンという内部自由度をもつ．スピンはベクトル量で通常 $\boldsymbol{S}$ の記号で表されるが，その z 成分 S_z の固有値は $\hbar$ の単位で

$$S, S-1, \cdots, -S+1, -S \quad (S=0,1/2,1,3/2,\cdots) \tag{10.39}$$

で与えられる．S が

$$S = 0, 1, 2, \cdots \tag{10.40a}$$

というように0あるいは正の整数をもつ粒子は**ボース統計**に従い，その粒子を**ボース粒子**または**ボソン**という．ヘリウム4原子は $S=0$，光子は $S=1$ の値をもちいずれもボース粒子である．これに対し

$$S = 1/2, 3/2, \cdots \tag{10.40b}$$

といった半整数（奇数を2で割ったもの）の S をもつ粒子は**フェルミ統計**に従い，その粒子を**フェルミ粒子**または**フェルミオン**という．陽子，中性子，電子，ヘリウム3原子などはフェルミ粒子である．ボース統計とフェルミ統計をまとめ**量子統計**という．

10.4 大分配関数

● **波動関数の対称性** 　同じ量子統計に従う多数の粒子があるとき，全体の波動関数は粒子の交換に対しある種の対称性をもつ．2 個の粒子を考えたとき

$$\psi(2,1) = \psi(1,2) \quad （ボース） \tag{10.41a}$$

$$\psi(2,1) = -\psi(1,2) \quad （フェルミ） \tag{10.41b}$$

となる．一般に P は $1, 2, \cdots, N$ を $i_1, i_2, \cdots, i_N$ に置き換える操作を表すとすれば

$$\mathrm{P}\psi(1, 2, \cdots, N) = \psi(1, 2, \cdots, N) \quad （ボース） \tag{10.42a}$$

$$\mathrm{P}\psi(1, 2, \cdots, N) = (-1)^{\delta(\mathrm{P})} \psi(1, 2, \cdots, N) \quad （フェルミ） \tag{10.42b}$$

である．ただし，$\delta(\mathrm{P})$ は P が偶置換なら偶数，P が奇置換なら奇数を表す．この対称性は自由粒子のときだけではなく，一般に粒子間の相互作用があっても成り立つとする．特に自由粒子ですべての一粒子状態が違うとき，(10.36) の 1 次結合を作り

$$\psi(1, 2, \cdots, N) = \frac{1}{\sqrt{N!}} \sum_{\mathrm{P}} \mathrm{P}\psi_{r_1}(1)\psi_{r_2}(1)\cdots\psi_{r_N}(N) \tag{10.43a}$$

$$\psi(1, 2, \cdots, N) = \frac{1}{\sqrt{N!}} \sum_{\mathrm{P}} (-1)^{\delta(\mathrm{P})} \mathrm{P}\psi_{r_1}(1)\psi_{r_2}(1)\cdots\psi_{r_N}(N) \tag{10.43b}$$

はそれぞれ (10.42a), (10.42b) の条件を満たす．$\sqrt{N!}$ の数因数は波動関数の規格化のために必要である．例題 7 で 2 粒子系の場合について学ぶ．

● **自由電子の場合** 　自由粒子の場合，系のハミルトニアン H は粒子の質量を m とし $H = -(\hbar^2/2m)(\Delta_1 + \Delta_2 + \cdots + \Delta_N)$ と表される．体積 V の箱中で粒子が運動しているとすれば $\psi(\boldsymbol{r}) = e^{i\boldsymbol{k}\cdot\boldsymbol{r}}/\sqrt{V}$ の平面波は V 内で規格化された波動関数である．特に電子 ($S = 1/2$) では $r = (\boldsymbol{k}, \sigma)$ と書け，スピン状態は上向きか，下向きかの 2 つの可能性がある．σ はこのようなスピン状態に対応する変数で $\sigma = 1$ は上向きスピン，$\sigma = -1$ は下向きスピンを表す．

● **パウリの原理** 　(10.43b) は

$$\psi(1, 2, \cdots, N) = \frac{1}{\sqrt{N!}} \begin{vmatrix} \psi_{r_1}(1) & \cdots & \psi_{r_1}(N) \\ \vdots & & \vdots \\ \psi_{r_N}(1) & \cdots & \psi_{r_N}(N) \end{vmatrix} \tag{10.44}$$

のスレーター行列式で表される．行列式の性質により，例えば $r_1 = r_2$ であれば，第 1 列と第 2 列とは同じになり全体の波動関数は恒等的に 0 となる．このため，フェルミ粒子では，同じ一粒子状態に 2 つ以上の粒子が入れない．1 つの一粒子状態が収容できる粒子数が高々1 である．これを**パウリの原理**という．パウリの原理を**パウリの排他律**という場合もある．

例題 7 ─────────────── 2 粒子系の波動関数

図 10.5 に示すように，2 つの一粒子状態 a, b があり，これらは互いに直交し，また規格化されているとする．すなわち，粒子の位置ベクトルに関する空間積分およびスピン座標での和を $d\tau$ とするとき

$$\int \psi_a^* \psi_a d\tau = \int \psi_b^* \psi_b d\tau = 1, \quad \int \psi_a^* \psi_b d\tau = \int \psi_b^* \psi_a d\tau = 0$$

が成り立つとする．ただし，* は共役複素数を表す記号である．2 つの粒子 1, 2 がこれらの一粒子状態を占めるとき，全体のエネルギー E は $E = e_a + e_b$ で与えられる．次の場合に規格化された，系全体の波動関数 $\psi(1, 2)$ を求めよ．
(a) ボース粒子 1 が a を占め，フェルミ粒子 2 が b を占めるとき．
(b) ボース粒子 1 が b を占め，フェルミ粒子 2 が a を占めるとき．
(c) 粒子 1, 2 がともにボース粒子のとき．
(d) 粒子 1, 2 がともにフェルミ粒子のとき．

[解答] (a) 粒子が 1 個のときはボース統計，フェルミ統計の差異を考慮する必要はない．$\psi(1, 2) = \psi_a(1)\psi_b(2)$

(b) $\psi(1, 2) = \psi_b(1)\psi_a(2)$

(c) $\psi(1, 2) = \dfrac{1}{\sqrt{2}} [\psi_a(1)\psi_b(2) + \psi_b(1)\psi_a(2)]$

(d) $\psi(1, 2) = \dfrac{1}{\sqrt{2}} [\psi_a(1)\psi_b(2) - \psi_b(1)\psi_a(2)]$

問 題

7.1 例題 7 中の (c), (d) の波動関数で $1/\sqrt{2}$ の数因数が必要な理由を述べよ．

7.2 一粒子状態 a を 3 個のボース粒子 1, 2, 3 が占有するときの波動関数を求めよ．

7.3 図 10.6 のように，r_1 の一粒子状態を n_1 個，r_2 の一粒子状態を n_2 個，$\cdots$，ボース粒子が占有するときの規格化された，全体の波動関数を導け．ただし，個々の一粒子状態を表す波動関数は例題 7 のように互いに直交し，規格化されているものとする．

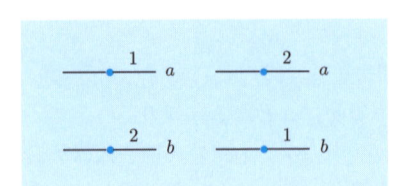

図 10.5　2 つの一粒子状態

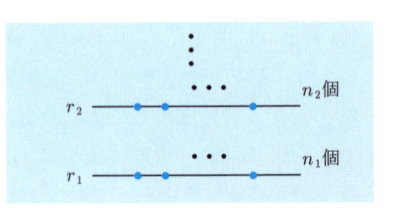

図 10.6　ボース粒子の占有状態

10.5 分配関数と大分配関数

● **分配関数と大分配関数との関係** ● 古典的な1成分系の正準集団では体系の粒子数 N は一定であるとするので，分配関数 Z は一般に T, V, N の関数である．すなわち，$Z = Z(T, V, N)$ と表される．一方，大分配関数に対する表式 (10.27)（p.114）で N を固定した i に関する和は $Z(T, V, N)$ に等しく，$Z_{\rm G}$ は

$$Z_{\rm G} = \sum_{N=0}^{\infty} \lambda^N Z(T, V, N) \tag{10.45}$$

と書ける．すなわち，$Z_{\rm G}$ は T, V, λ の関数となる．i に関する和が量子状態にわたるものとすれば (10.45) は量子統計力学でも成立する．また，(10.45) を利用すると，分配関数が既知のとき大分配関数 $Z_{\rm G}$ を求めることができる．単原子分子から構成される古典的な理想気体の場合を例題8で論じる．

● **熱力学ポテンシャル** ● $Z_{\rm G}$ は T, V, λ の関数であるが，λ を μ の関数で表したとし，$Z_{\rm G}$ から

$$Z_{\rm G} = \exp[-\beta \Omega(T, V, \mu)] \tag{10.46}$$

の関係によって定義される Ω を**熱力学ポテンシャル**という（問題 6.3, p.117）．上式を (10.32)（p.116）に代入すると

$$\Omega = -pV \tag{10.47}$$

となり，この微分をとって

$$d\Omega = -pdV - Vdp \tag{10.48}$$

が導かれる．問題 8.4（p.58）で述べたギブス–デュエムの関係は n 成分系の場合

$$Vdp = SdT + \sum_{j=1}^{n} N_j d\mu_j \tag{10.49}$$

と書けるので，これを (10.48) に代入すると

$$d\Omega = -SdT - pdV - \sum_{j=1}^{n} N_j d\mu_j \tag{10.50}$$

が得られる．これから，粒子数 N_j は次のように書けることがわかる．

$$N_j = -\left(\frac{\partial \Omega}{\partial \mu_j}\right)_{T, V, (\mu_j)} \tag{10.51}$$

ただし，添字の (μ_j) は μ_j 以外を一定に保つという意味である．同様に，(10.50) から

$$S = -\left(\frac{\partial \Omega}{\partial T}\right)_{V, \mu}, \quad p = -\left(\frac{\partial \Omega}{\partial V}\right)_{T, \mu} \tag{10.52}$$

の関係が導かれる．添字の μ は $\mu_1 = $ 一定，$\mu_2 = $ 一定，$\cdots$ を意味する．熱力学ポテンシャルは量子統計力学において有効に使われる．

例題 8 ────────────────── 理想気体の大分配関数

単原子分子の古典的な理想気体に対する大分配関数を求め,その結果を利用して理想気体の状態方程式を導け.

[解答] 分配関数 Z は例題 2 の結果 (p.108) のように $Z = V^N(2\pi m k_B T)^{3N/2}/N! h^{3N}$ で与えられる. 指数関数 e^x は

$$e^x = \sum_{N=0}^{\infty} \frac{x^N}{N!}$$

と表されるので, Z_G は

$$Z_G = \sum_{N=0}^{\infty} \lambda^N \frac{V^N(2\pi m k_B T)^{3N/2}}{N! h^{3N}} = \exp\left(\frac{\lambda V(2\pi m k_B T)^{3/2}}{h^3}\right) \tag{1}$$

と求まる. したがって, (10.32) (p.116) により (1) から次式が得られる.

$$\frac{pV}{k_B T} = \frac{\lambda V(2\pi m k_B T)^{3/2}}{h^3} \tag{2}$$

一般に, $\langle N \rangle = (\lambda \partial \ln Z_G / \partial \lambda)_{T,V}$ が成り立つ. 状態方程式を導くには λ を $\langle N \rangle$ の関数として求める必要があるが, (2) を利用すると

$$\langle N \rangle = \frac{\lambda V(2\pi m k_B T)^{3/2}}{h^3} \tag{3}$$

が得られる. (2) の右辺と (3) の右辺は等しいから

$$\frac{pV}{k_B T} = \langle N \rangle$$

という関係が成り立つ. 10.6 節で示すように粒子数のゆらぎは極めて小さく, 事実上 $\langle N \rangle$ は普通の意味での粒子数と考えてよい. こうして, 上式は通常の状態方程式と一致することがわかる.

問 題

8.1 単原子分子の理想気体に対する化学ポテンシャルを求めよ.

8.2 n 種類の分子から構成される理想気体が体積 V, 温度 T に保たれ熱平衡状態にある. j 番目の化学種の質量を m_j とするとき以下の等式が成立することを示せ.

$$\langle N_j \rangle = \frac{\lambda_j V(2\pi m_j k_B T)^{3/2}}{h^3}$$

8.3 前問と同様な系で j 番目の化学種が体積 V のときに示す圧力 p_j を **分圧** という. n 成分系全体の圧力 p は

$$p = p_1 + p_2 + \cdots + p_n$$

と書け, これを **分圧の法則** という. 大分配集団の考えを利用しこの法則を導け.

10.5 分配関数と大分配関数

● **占有数** ●　量子統計力学で体系の状態を考えるとき，個々の粒子の位置ベクトルやスピン座標を扱ってもあまり益はない．むしろ，10.4 節の議論からわかるように，系全体の量子状態を決めるには，ある一粒子状態を何個の粒子が占めるかを指定する方が適切である．r の一粒子状態を占める粒子数を n_r と書き，これを**占有数**という．占有数として許される値は量子統計によって異なり

$$n_r = 0, 1, 2, 3, \cdots \quad (ボース統計) \tag{10.53a}$$

$$n_r = 0, 1 \quad (フェルミ統計) \tag{10.53b}$$

となる．注目する体系が N 個の粒子から構成されているとすれば，当然

$$N = \sum_r n_r \tag{10.54}$$

が成り立つ．また，系全体のエネルギー E は次のように表される．

$$E = \sum_r e_r n_r \tag{10.55}$$

● **分配関数** ●　粒子間に相互作用がないとき，すなわち自由粒子の体系では，系全体のエネルギーは (10.55) で表される．状態に関する和はすべての占有数にわたる和である．ただし，正準集団では 粒子数$= N$ という制限がつくので Z は

$$Z = \sum_{\sum n_r = N} \exp\left(-\beta \sum_r e_r n_r\right) \tag{10.56}$$

と表される．n_r の和が独立にできれば，計算は簡単であるが，制限がついているため，実際の計算は困難となる．むしろ，大正準集団で扱った方が簡単である．

● **大分配関数** ●　前述のように，量子統計力学の立場では分配関数の計算は困難である．しかし，大正準集団を考えたとき大分配関数 Z_G は古典論と同様 (10.27)（p.114）で与えられ，また 1 成分系を考慮すると (10.33)（p.116）を使い

$$Z_G = \sum_{N,i} \lambda^N \exp(-\beta E_{N,i}), \quad \lambda = e^{\beta \mu} \tag{10.57}$$

が成り立つ．λ, (10.55) の両式を代入し $N = \sum n_r$ の関係を利用すると

$$Z_G = \sum_{n_r} \exp\left[-\beta\left(\sum_r e_r n_r - \mu \sum_r n_r\right)\right] = \sum_{n_r} \exp\left(-\beta \sum_r \varepsilon_r n_r\right) \tag{10.58}$$

が得られる．ただし，ε_r は化学ポテンシャル μ から測った 1 粒子のエネルギーで，

$$\varepsilon_r = e_r - \mu \tag{10.59}$$

と定義される．正準集団と大正準集団を比べたとき，粒子数が一定という状況は物理的に理解しやすいしなぜわざわざ粒子数を変えるのか，といった疑問が生じよう．しかし，実際の具体的な計算は Z_G の方が簡単で，そのため量子統計力学では大正準集団が重要な意味をもつ．この点は以下の議論から明らかになろう．

● 大分配関数の計算 ●

(10.58) の n_r に関する和の意味を調べるため，ボース統計を想定し，例として $r=1,2$ という 2 つの一粒子状態を考えよう．n_1, n_2 はそれぞれ $0, 1, 2, \cdots$ という値をとるが，これを図 10.7 のように横軸に n_1，縦軸に n_2 をとった図で表現する．正準集団の場合には $n_1 + n_2 = N$ という制限がつくため，可能な n_1, n_2 は図のように $N = 0, 1, 2, 3, \cdots$ に対応したそれぞれの破線上の点に限られる．しかし，大正準集団では N を変え $N = 0, 1, 2, 3, \cdots$ のすべてにわたり和をとるので，図 10.7 のすべての点に関して加えることになる．したがって，結局，n_1, n_2 について $0, 1, 2, \cdots$ と独立に和をとればよい．このような事情は一粒子状態が多数あっても成り立ち，このため (10.58) の n_r に関する和は独立に実行することができる．以上，例としてボース統計の場合を考えたが，同じ議論がフェルミ統計でも成り立つ（問題 9.1）．

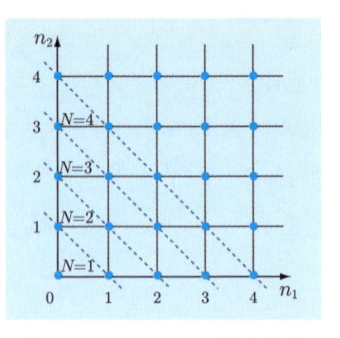

図 10.7　2 つの一粒子状態

● ボース分布とフェルミ分布 ●

上述の議論により，ボース統計でも，フェルミ統計でも (10.58) で n_r は独立に和をとってよいことがわかった．このようにして Z_G が計算でき，(10.46)（p.121）によって熱力学ポテンシャル Ω は

$$\Omega = \pm \frac{1}{\beta} \sum_r \ln(1 \mp e^{-\beta\varepsilon_r}) \tag{10.60}$$

と計算される（例題 9）．ただし，上の符号はボース，下の符号はフェルミ統計に対応する．ここで n_r の平均値は，大正準分布を考えると

$$\langle n_r \rangle = \frac{\sum_{n_1,n_2,\cdots} n_r \exp\left(-\beta \sum_s \varepsilon_s n_s\right)}{Z_G} \tag{10.61}$$

と書ける．あるいは，Z_G を $\varepsilon_1, \varepsilon_2, \cdots$ の関数とみなせば (10.61) は

$$\langle n_r \rangle = -\frac{\partial(\ln Z_G)}{\beta \partial \varepsilon_r} \tag{10.62}$$

と表される．通常

$$f_r = \langle n_r \rangle \tag{10.63}$$

と書く．ボース統計あるいはフェルミ統計に応じて次の**ボース分布関数**あるいは**フェルミ分布関数**が得られる（問題 9.2）．

$$f_r = \frac{1}{e^{\beta\varepsilon_r} - 1} \quad (\text{ボース}), \quad f_r = \frac{1}{e^{\beta\varepsilon_r} + 1} \quad (\text{フェルミ}) \tag{10.64}$$

10.5 分配関数と大分配関数

例題 9 ─────────────────── 量子統計に従う体系の Ω ───

(10.60) を導け.

[解答] 次の関係

$$\exp\left(\sum_r x_r\right) = \prod_r \exp x_r$$

が成立するので (10.58) は

$$Z_G = \sum_{n_r}\prod_r \exp(-\beta\varepsilon_r n_r) = \prod_r \sum_{n_r} \exp(-\beta\varepsilon_r n_r)$$

と書ける. n_r はボースあるいはフェルミ統計に対し, それぞれ $n_r = 0, 1, 2, \cdots, n_r = 0, 1$ である. 簡単のため, 添字 r を省略すると, ボース統計では $\varepsilon > 0$ と仮定すれば $e^{-\beta\varepsilon} < 1$ が成り立つので

$$\sum_{n=0}^{\infty} e^{-\beta\varepsilon n} = 1 + e^{-\beta\varepsilon} + e^{-2\beta\varepsilon} + \cdots = (1 - e^{-\beta\varepsilon})^{-1}$$

が得られる. 一方, フェルミ統計の場合, $n = 0, 1$ であるから

$$\sum_n e^{-\beta\varepsilon n} = 1 + e^{-\beta\varepsilon}$$

となる. このようにして, ボース統計では

$$Z_G = \prod_r (1 - e^{-\beta\varepsilon_r})^{-1}$$

フェルミ統計では

$$Z_G = \prod_r (1 + e^{-\beta\varepsilon_r})$$

となる. 熱力学ポテンシャル Ω は, $\Omega = -(1/\beta)\ln Z_G$ と表されるので

$$\Omega = \pm\frac{1}{\beta}\prod_r \ln(1 \mp e^{-\beta\varepsilon_r})$$

が導かれ, これは (10.60) と一致する.

問題

9.1 図 10.7 のように, 2 つの一粒子状態を考える. n_1, n_2 に関する和はフェルミ統計の場合, どのように表されるか.

9.2 ボース分布関数あるいはフェルミ分布関数を導け.

9.3 振動数 ν をもつ 1 次元調和振動子の量子数の平均値 $\langle n \rangle$ は

$$\langle n \rangle = \frac{1}{e^{\beta h\nu} - 1}$$

で与えられ, これを**プランク分布関数**という. この関数とボース分布関数との関係を述べよ.

9.4 絶対零度におけるフェルミ分布について論じよ.

10.6 ゆ ら ぎ

● **正準集団におけるゆらぎ** ● 熱平衡にある体系の物理量はその平均値のまわりでゆらいでいる．統計力学は物理量の平均値だけでなく，ゆらぎを論じる手段を提供してくれる．正準集団では粒子数は一定とするが，この集団中の1つの体系は周辺とエネルギーの交換をするので，エネルギー E は確定値をもつのではなく平均値のまわりでゆらぐ．そこで，時間 t の関数として E を図示すると例えば図10.8のようになる．この図の $\langle E \rangle$ は厳密にいうと時間平均であるが，p.107のコラムで述べたように時間平均と集団平均は同じとし，一般に両者の統計的な振る舞いは同一とみなす．したがって，E の標準偏差を ΔE とすれば，ΔE は

$$(\Delta E)^2 = \langle (E - \langle E \rangle)^2 \rangle \tag{10.65}$$

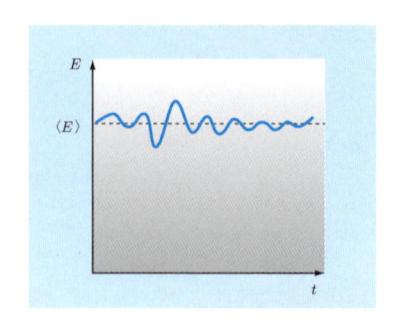

図10.8 E の時間依存性

と定義される．ここで $\langle\ \rangle$ は正準集団に対する平均を表す．(10.65)の右辺は $\langle E^2 \rangle - 2\langle E \times E \rangle + \langle E \rangle^2$ と書けるので次式が成り立つ．

$$(\Delta E)^2 = \langle E^2 \rangle - \langle E \rangle^2 \tag{10.66}$$

エネルギーのゆらぎは定積熱容量と密接に関係している（例題10）．

● **粒子数のゆらぎ** ● 大正準集団の場合，粒子数 N は一定ではないが，N の大正準分布に対する平均値 $\langle N \rangle$ は特別な場合を除き事実上巨視的な粒子数に等しいと考えられる．その理由を明らかにするため，大正準集団における粒子数のゆらぎを論じていく．以下，大正準分布に関する平均をこれまでと同様 $\langle\ \rangle$ の記号で表す．粒子数 N の標準偏差を ΔN とすればエネルギーのときと同様

$$(\Delta N)^2 = \langle (N - \langle N \rangle)^2 \rangle = \langle N^2 \rangle - \langle N \rangle^2 \tag{10.67}$$

が成り立つ．(10.67)の ΔN は粒子数のゆらぎを記述する1つの目安となる．大正準分布を用いると

$$\langle N \rangle = \frac{\sum N \exp[\beta(\mu N - E)]}{Z_G} \tag{10.68}$$

と表される．ここで $\sum$ は粒子数と可能なエネルギー状態に関する和である．(10.68)を利用すると次の関係が導かれる（問題10.2）．

$$\left(\frac{\partial \langle N \rangle}{\partial \mu} \right)_{T,V} = \beta(\langle N^2 \rangle - \langle N \rangle^2) \tag{10.69}$$

10.6 ゆらぎ

例題 10 ━━━━━━━━━━━━━━ エネルギーのゆらぎと定積熱容量 ━━

正準分布の場合

$$(\Delta E)^2 = \langle E^2 \rangle - \langle E \rangle^2 = \frac{\partial^2 \ln Z}{\partial \beta^2}$$

の関係を証明し，上式を利用して，体系の定積熱容量 C_V に対する

$$C_V = \frac{(\Delta E)^2}{k_B T^2}$$

の等式を導け．また，これを用い，C_V は決して負にはならないことを示せ．

[解答] E の添字 i と $\sum$ 下の記号 i を省略すると Z は $Z = \sum \exp(-\beta E)$ と書けるので

$$\frac{\partial \ln Z}{\partial \beta} = -\frac{\sum E \exp(-\beta E)}{\sum \exp(-\beta E)}$$

となる．上式をもう1回 β で偏微分すれば

$$\frac{\partial^2 \ln Z}{\partial \beta^2} = \frac{\sum E^2 \exp(-\beta E)}{\sum \exp(-\beta E)} - \frac{\left[\sum E \exp(-\beta E)\right]^2}{\left[\sum \exp(-\beta E)\right]^2} = \langle E^2 \rangle - \langle E \rangle^2 \quad (1)$$

と計算され与式が導かれる．正準分布では $\langle E \rangle = -\partial \ln Z / \partial \beta$ と書けるため，C_V は

$$C_V = \frac{\partial \langle E \rangle}{\partial T} = -\frac{\partial^2 \ln Z}{\partial \beta^2} \frac{\partial \beta}{\partial T} = \frac{1}{k_B T^2} \frac{\partial^2 \ln Z}{\partial \beta^2} \quad (2)$$

と表される．(2) に (1) を代入すると

$$C_V = \frac{\langle E^2 \rangle - \langle E \rangle^2}{k_B T^2} = \frac{(\Delta E)^2}{k_B T^2}$$

となり，与式が導かれる．上式右辺の分子は $\langle (E - \langle E \rangle)^2 \rangle$ と書け，これは負にはならない．また，$k_B T^2$ は正の量であるから，C_V は決して負にはならない．

問 題

10.1 単原子分子から構成される理想気体のエネルギーのゆらぎは正準分布の場合

$$(\Delta E)^2 = \frac{3}{2} N (k_B T)^2$$

であることを示せ．また，正準分布では

$$\frac{\Delta E}{\langle E \rangle} = \sqrt{\frac{2}{3N}}$$

と書けることを証明し1モルのとき，この量を計算せよ．

10.2 (10.69) を導け．

10.3 単原子分子の理想気体では (10.69) を利用し $(\Delta N)^2 = \langle N \rangle$ が成り立つことを示せ．また $N \simeq 10^{22}$ のとき $\Delta N / \langle N \rangle$ を求めよ．

• **熱力学の関係** 一般的な体系で粒子数のゆらぎを論じるため, (10.69) の左辺で $\langle N \rangle$ は熱力学における粒子数であるとみなす. その結果, 同式は

$$(\Delta N)^2 = k_\mathrm{B} T \left(\frac{\partial N}{\partial \mu} \right)_{T,V} \tag{10.70}$$

と書ける. 以下, 熱力学の立場で右辺の量を論じる. 一般に, 1 成分系を考えると化学ポテンシャル μ は温度 T と数密度 ρ の関数である (問題 11.1). そこで μ を

$$\mu = \mu(T, \rho) \tag{10.71}$$

と表す. μ と圧力 p を温度 T, ρ の関数と考え, 熱力学の関係を利用すると, 次式が得られる (例題 11).

$$(\Delta N)^2 = -k_\mathrm{B} T \frac{N^2}{V^2} \left(\frac{\partial V}{\partial p} \right)_{T,N} \tag{10.72}$$

• **粒子数のゆらぎと圧縮率** 図 10.9 に示すように, 体積 V の物体に加わっている圧力を Δp だけ増加させたときの体積の変化分を ΔV と書く. $\Delta V/V$ を**体積変化率**という. これを Δp で割り

$$\kappa = -\frac{\Delta V/V}{\Delta p} \tag{10.73}$$

で κ を定義すると, これは定数となることが知られている. この κ を**圧縮率**という. (10.73) に − の符号がついているのは, $\Delta p > 0$ ならば $\Delta V < 0$ なので, $\kappa > 0$ になるよう符号を選ぶためである. 特に, 温度が一定という条件下での κ を**等温圧縮率**といい, 以下それを κ_T の記号で表す. 状態変化の際, 粒子数 N は一定であるから, (10.73) で $\Delta p \to 0$ の極限をとると

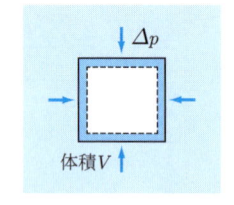

図 10.9 圧縮率

$$\kappa_T = -\frac{1}{V} \left(\frac{\partial V}{\partial p} \right)_{T,N} \tag{10.74}$$

と表される. (10.72) と (10.74) を組み合わせると

$$\frac{(\Delta N)^2}{N} = k_\mathrm{B} T \rho \kappa_T \tag{10.75}$$

が導かれる. 上式の右辺は示強性の量であり, このため κ_T が有限であれば, $\Delta N/N$ は $N^{-1/2}$ の程度で粒子数のゆらぎは無視できる. その結果, 粒子数は一定としてよい. しかし, 臨界点では $\kappa_T \to \infty$ でこの種の議論は通用せず, 粒子数のゆらぎは無視できない (問題 11.3). 臨界点におけるこのようなゆらぎを**臨界揺動**, またそれに起因する現象を一般に**臨界現象**という.

10.6 ゆらぎ

---例題 11-------------------------------粒子数のゆらぎ---

(10.70) の右辺を変形し，(10.72) を導け．

[解答] $\rho = N/V$ と書けるので

$$\left(\frac{\partial \rho}{\partial N}\right)_V = \frac{1}{V} \tag{1}$$

が成り立つ．(1) を使い (10.71) で T, V を一定に保って，両辺を N で偏微分すると

$$\left(\frac{\partial \mu}{\partial N}\right)_{T,V} = \left(\frac{\partial \mu}{\partial \rho}\right)_T \left(\frac{\partial \rho}{\partial N}\right)_V = \left(\frac{\partial \mu}{\partial \rho}\right)_T \frac{1}{V} \tag{2}$$

が得られる．次に，圧力 p を (10.71) と同様 $p = p(T, \rho)$ と書き，T, N を一定に保ち，V で偏微分する．その結果

$$\left(\frac{\partial p}{\partial V}\right)_{T,N} = \left(\frac{\partial p}{\partial \rho}\right)_T \left(\frac{\partial \rho}{\partial V}\right)_N = -\left(\frac{\partial p}{\partial \rho}\right)_T \frac{N}{V^2} \tag{3}$$

が導かれる．ここでギブス-デュエムの関係に注目する．この関係は 1 成分系の場合，$Nd\mu + SdT - Vdp = 0$ と書け (p.58)，温度は一定としてよいから，$dT = 0$ とおくと $Nd\mu - Vdp = 0$ となる．したがって，両辺を $d\rho$ で割ると

$$\left(\frac{\partial \mu}{\partial \rho}\right)_T = \frac{1}{\rho}\left(\frac{\partial p}{\partial \rho}\right)_T \tag{4}$$

が得られる．あるいは，数密度 ρ が $\rho = N/V$ であることを使うと，(4) から (2), (3) を利用し次式が導かれる．

$$\left(\frac{\partial \mu}{\partial N}\right)_{T,V} = \frac{1}{\rho V}\left(\frac{\partial p}{\partial \rho}\right)_T = \frac{1}{N}\left(\frac{\partial p}{\partial \rho}\right)_T = -\frac{V^2}{N^2}\left(\frac{\partial p}{\partial V}\right)_{T,N}$$

偏微分記号の添字をそのままにしておいて逆数をとると，偏微分の分母，分子が入れ替わる．上式の逆数をとると

$$\left(\frac{\partial N}{\partial \mu}\right)_{T,V} = -\frac{N^2}{V^2}\left(\frac{\partial V}{\partial p}\right)_{T,N}$$

が得られ，これを利用すれば (10.72) が導かれる．

問 題

11.1 1 成分系での化学ポテンシャル μ は温度 T，数密度 $\rho = N/V$ の関数であることを示せ．

11.2 理想気体の κ_T を求めよ．

11.3 気相-液相の臨界点で $\kappa_T \to \infty$ であることを示せ．

11.4 大正準分布の場合，単原子分子の理想気体では $(\Delta E)^2 = (15/4)N(k_B T)^2$ で与えられることを示し，問題 10.1 (p.127) の結果と違う理由を明らかにせよ．

問題解答

1章の解答

問題 1.1 (1.1) により，求める力氏温度は
$$(カ氏温度) = \left(\frac{9}{5} \times 30 + 32\right){}^\circ\text{F} = 86\,{}^\circ\text{F}$$
と計算される．

問題 1.2 (1.2) を使い
$$T = (25 + 273.15)\,\text{K} = 298.15\,\text{K}$$
である．すなわち，約 $298\,\text{K}$ となる．

問題 2.1 (a) (1.2) により
$$T = (-78.9 + 273.15)\,\text{K} = 194.25\,\text{K}$$
と計算される．

(b) (a) と同様 (1.2) を使い
$$T = (-191.5 + 273.15)\,\text{K} = 81.65\,\text{K}$$
となる．

問題 3.1 A と B，A と C とが熱平衡にあれば A の温度と B の温度，A の温度と C の温度とは等しい．三物体間の熱平衡則により，B の温度と C の温度とは等しく，A を温度計と思えば，この法則は温度計の存在を保証している．

問題 3.2 (1.3) は $p_A V_A = p_B V_B = p_C V_C$ と書ける．3.4 節で学ぶように，気体定数を R とすれば 1 モルの理想気体の状態方程式は $pV = RT$ で与えられる．したがって，上の関係は
$$T_A = T_B = T_C$$
と表される．

問題 4.1 $R/R_0 = 1 + \alpha t$ の関係に $t = 100\,\text{K}$ を代入すれば，題意により
$$0.39 = 100\alpha$$
となり，これから α は
$$\alpha = 3.9 \times 10^{-3}\,\text{K}^{-1}$$
と計算される．

問題 4.2 非接触の温度計測では食品などに接触する必要がない．したがって，衛生的な温度測定が可能となる．また，遠く離れていても物体の温度が測定可能となるので，例えば電柱の上にあるトランスの温度を測定することができる．

2 章の解答

問題 1.1 水の質量は 1500 g, 温度上昇は 70 K であるから,必要な熱量は最低限
$$1500 \times 70 \,\mathrm{cal} = 1.05 \times 10^5 \,\mathrm{cal}$$
と計算される.

問題 1.2 質量を g, 熱量を cal, 温度差を K の単位で表せば,水の比熱は 1 であるから公式 $Q = mct$ に $m = 10$, $Q = 100$ を代入し,$t = 10$ が得られる.すなわち,温度上昇は 10 K なのでこの水の温度は 35 °C となる.

問題 1.3 ①, ②, ③はそれぞれ氷が水になる熱量,0 °C の水が 100 °C になる熱量,100 °C の水がすべて水蒸気になる熱量である.したがって,求める熱量はこれらの和となり④が正しい答を与える.

問題 1.4 (a) ご飯 100 g のもつ熱量は
$$[(2.6 + 31.7) \times 4 + 0.5 \times 9] \,\mathrm{kcal} = 142 \,\mathrm{kcal}$$
と計算される.単位は cal でなく kcal であることに注意せよ.

(b) 体重 60 kg の人を同じ質量の水とみなせば,(a) の熱量による温度上昇は
$$t = \frac{142}{60} \,\mathrm{K} = 2.37 \,\mathrm{K}$$
となる.

問題 2.1 求める温度を t とすれば,30 °C の水が失う熱量は $150(30-t)$ cal と書け,15 °C の水が受けとった熱量は $100(t-15)$ と表される.熱量保存則により両者は等しいから
$$150(30-t) = 100(t-15) \quad \therefore \quad 5t = 120$$
が得られ,$t = (120/5)\,°\mathrm{C} = 24\,°\mathrm{C}$ となる.

問題 2.2 失われた熱量 Q は $Q = mct$ の式で $m = 15$, $c = 0.091$, $t = 3$ とおき $Q = 4.095$ cal と計算される.

問題 2.3 湯沸かし器が提供する熱量は毎分 250×10^3 cal である.一方,毎分 5 l の水を 40 K 高めるのに必要な熱量は $5 \times 40 \times 10^3$ cal である.したがって,有効に使われた熱量を x % とすれば
$$\frac{x}{100} \times 250 = 200 \quad \therefore \quad x = 80\,\%$$
と表される.

問題 3.1 Δl は
$$\Delta l = 1.75 \times 10^{-5} \times 2 \times 100 \,\mathrm{m} = 0.0035 \,\mathrm{m}$$
と計算される.

問題 3.2 始め l の長さは加熱後
$$l + \Delta l = l(1 + \alpha \Delta t)$$
となる.一辺の長さ l の正方形を考えると,その面積は $S = l^2$ から加熱後
$$S' = l^2 (1 + \alpha \Delta t)^2$$

となる．一般に $|x| \ll 1$ のとき
$$(1+x)^n \simeq 1 + nx$$
という近似式が成り立つ．これを利用すると
$$S' = S(1 + 2\alpha\Delta t)$$
となり，面膨張率は 2α に等しいことがわかる．同様に，一辺の長さ l の立方体の体積 $V = l^3$ が加熱後 V' になったとすれば
$$V' = l^3(1 + \alpha\Delta t)^3 \simeq V(1 + 3\alpha\Delta t)$$
と書けるので，体膨張率は 3α に等しい．

問題 3.3 (2.9) から $V/V_0 = T/T_0$ が得られるので，気体の体積は
$$\frac{373}{273} = 1.37 \text{ 倍}$$
となる．また，一定質量の気体の体積がこれだけ増えるため密度は
$$\frac{273}{373}\text{倍} = 0.732 \text{ 倍}$$
になる．

問題 3.4 球体内の気体の温度を T，密度を ρ とすれば，球体内外の圧力は同じでシャルルの法則が適用でき，前問と同様次式が成り立つ．
$$\rho T = \rho_0 T_0 \tag{1}$$
気球の体積を V，気球自体の質量を M とすれば，気球および球体内の空気に働く全重力は重力加速度を g として
$$(M + \rho V)g \tag{2}$$
である．ゴンドラなどの体積は V に比べ無視できるとすれば，気球の働く浮力は $\rho_0 V g$ と表される．この浮力が (2) より大きいと気球は浮上する，このための条件は $M + \rho V < \rho_0 V$ と書ける．これに T を掛け，(1) を使うと
$$MT + \rho_0 T_0 V < \rho_0 V T$$
が得られる．この不等式は $\rho_0 V - M > 0$ として
$$\frac{\rho_0 T_0 V}{\rho_0 V - M} < T \tag{3}$$
と表される．すなわち
$$\rho_0 V > M \tag{4}$$
の関係が成り立ち，(3) を満たすほど T を大きくすれば，熱気球は空中に浮上する．$\rho_0 = 1.20 \text{ kg} \cdot \text{m}^{-3}$, $V = 500 \text{ m}^3$ より $\rho_0 V = 600 \text{ kg}$ となり，これは $M = 180 \text{ kg}$ より大きいから (4) の条件は満たされている．また，与えられた数値を (3) の左辺に代入すると
$$\frac{1.20 \times 280 \times 500}{420} \text{ K} = 400 \text{ K}$$
となるので，空気をこの温度以上に熱すると熱気球が実現する．

問題 3.5 水銀の密度は
$$\rho = 13.6 \text{ g} \cdot \text{cm}^{-3} = 13.6 \times 10^3 \text{ kg} \cdot \text{m}^{-3}$$

で底面積 $1\,\mathrm{m}^2$, 高さ $0.76\,\mathrm{m}$ の直方体状の水銀の質量は
$$13.6 \times 10^3 \times 0.76\,\mathrm{kg} = 10336\,\mathrm{kg}$$
である．これに働く全重力は
$$10336\,\mathrm{kg} \times 9.81\,\mathrm{N}\cdot\mathrm{kg}^{-1} = 1.014 \times 10^5\,\mathrm{N}$$
となり
$$1\,\mathrm{atm} = 1.014 \times 10^5\,\mathrm{N}\cdot\mathrm{m}^{-2} = 1.014 \times 10^5\,\mathrm{Pa}$$
が得られる．

問題 4.1 どんな物質でも圧力を増加させると体積は減少し，$\Delta p > 0$ のとき $\Delta V < 0$ である．よって，問題文中の κ は必ず正の量である．等温圧縮率 κ_T は温度一定という条件で圧縮を行うので
$$\kappa_\mathrm{T} = -\frac{1}{V}\left(\frac{\partial V}{\partial p}\right)_T$$
の関係が導かれる．

問題 4.2 例題 4 中の (1) により $V = $ 一定 のとき
$$\left(\frac{\partial V}{\partial p}\right)_T dp + \left(\frac{\partial V}{\partial T}\right)_p dT = 0$$
が成り立ち，これから
$$\left(\frac{\partial p}{\partial T}\right)_V = -\frac{(\partial V/\partial T)_p}{(\partial V/\partial p)_T}$$
となる．問題 4.1 の結果を使い，体膨張率 β は等圧の下で定義され
$$\beta = \frac{(\partial V/\partial T)_p}{V}$$
と書けることに注意すると例題 4 中の (2) が導かれる．

問題 5.1 空気の熱伝導率は $0\,^\circ\mathrm{C}$ で $2.4 \times 10^{-2}\,\mathrm{W}\cdot\mathrm{m}^{-1}\cdot\mathrm{K}^{-1}$ で毎秒当たり移動する熱量は
$$Q = 2.4 \times 10^{-2} \times 0.01 \times \frac{10}{1}\,\mathrm{W} = 2.4 \times 10^{-3}\,\mathrm{W}$$
となる．したがって，$500\,\mathrm{s}$ の間に移動する熱量は
$$2.4 \times 10^{-3} \times 500\,\mathrm{J} = 2.4\,\mathrm{J}$$
と計算される．

問題 5.2 (a) $3\,\mathrm{mm} = 3 \times 10^{-3}\,\mathrm{m}$, $500\,\mathrm{cm}^2 = 0.05\,\mathrm{m}^2$ であるから，毎秒当たりフラスコの内部に流入する熱量 Q は
$$Q = 0.21 \times 0.05 \times \frac{8}{3 \times 10^{-3}}\,\mathrm{cal}\cdot\mathrm{s}^{-1} = 28\,\mathrm{cal}\cdot\mathrm{s}^{-1}$$
と計算される．

(b) 氷の溶ける速さは，1 秒間に溶ける氷の質量で表すことができ
$$\frac{28\,\mathrm{cal}\cdot\mathrm{s}^{-1}}{80\,\mathrm{cal}\cdot\mathrm{g}^{-1}} = 0.35\,\mathrm{g}\cdot\mathrm{s}^{-1}$$
となる．

3 章の解答

問題 1.1 (3.2)（p.22）の関係
$$\Delta W = pS\Delta l$$
に $p = 1.013 \times 10^5$ Pa, $S = 5 \times 10^{-3}$ m^2, $\Delta W = 25.3$ J を代入し，次の結果が得られる．
$$\Delta l = \frac{25.3}{5 \times 10^{-3} \times 1.013 \times 10^5} \text{ m} = 0.05 \text{ m}$$

問題 1.2 汽車に働く動摩擦力は
$$0.01 \times 500 \times 10^3 \times 9.81 \text{ N} = 4.91 \times 10^4 \text{ N}$$
である．したがって，1 km 進む間に動摩擦力に逆らい汽車のした仕事は
$$4.91 \times 10^4 \times 10^3 \text{ J} = 4.91 \times 10^7 \text{ J}$$
と表される．その間に，石炭の供給した熱量は
$$28 \times 10^3 \times 3 \times 10^4 \text{ J} = 8.4 \times 10^8 \text{ J}$$
である．よって，有効な割合を x ％とすれば，次のようになる．
$$x = \frac{4.91 \times 10^7 \times 10^2}{8.4 \times 10^8} \% = 5.8 \%$$

問題 2.1 18 世紀の物理学や化学を支配していたのは，熱を物質の一種の物質とみなす考えであった．本文で紹介した通り，ラヴォアジエは熱を物質とみなす立場と物質の分子の微小振動と考える立場の両者があることを知っていた．しかし，フランス革命の起きた 1789 年に著した著書「化学要綱」でラヴォアジエははっきり前者の立場に立った．実は，両者の立場が同じ結果を導くことは当時から知られていた．比熱の測定とか 4.5 節で学ぶカルノーサイクルも熱素説の立場から議論された．1798 年にアメリカの物理学者ランフォードは熱の物質説を否定し仕事が熱に変わるという結論に達した．また，エネルギーという概念が 19 世紀の半ば頃から定着してきた．ラヴォアジエのような権威ある人が熱素説を支持したこと，熱を物質とみなそうが，エネルギーとみなそうが，結論は変わらないことなどが熱学の発展を遅らせた理由であろう．熱の本性は分子，原子の存在が確認されて明らかにされたと考えるべきである．

問題 3.1 (a) 人には 60×9.81 N の重力が働く．この力に逆らい，2 m だけ真上に上がるとき人のする仕事 W は
$$W = 60 \times 9.81 \times 2 \text{ J} = 1177 \text{ J}$$
でこれを cal に換算すると，次のようになる．
$$Q = \frac{1177}{4.19} \text{cal} = 281 \text{ cal}$$

(b) 水の温度上昇は $(281/300)$ K $= 0.94$ K と求まる．

問題 3.2 (a) 小物体に働く重力の斜面に平行な成分は
$$5 \times 10^{-3} \times 9.81 \times \cos 60° \text{ N}$$
と書ける．したがって，動摩擦力の大きさはこれの 0.1 倍，失われた力学的エネルギーはさら

にこれに 2m を掛ければ求まる．すなわち，失われた力学的エネルギーは
$$0.1 \times 5 \times 10^{-3} \times 9.81 \times \cos 60° \times 2\,\mathrm{J} = 4.91 \times 10^{-3}\,\mathrm{J}$$
となり，したがって発生する摩擦熱は次のようになる．
$$\frac{4.91 \times 10^{-3}}{4.19}\,\mathrm{cal} = 1.17 \times 10^{-3}\,\mathrm{cal}$$

(b) 小物体の温度上昇を t とすれば，小物体に加わった熱量は $5 \times 0.11 \times t\,\mathrm{cal}$ と書ける．これが (a) で求めた熱量に等しいから t は次のように求まる．
$$t = \frac{1.17 \times 10^{-3}}{5 \times 0.11}\,\mathrm{K} = 2.13 \times 10^{-3}\,\mathrm{K}$$

問題 3.3 (a) このランチの熱量を J に換算すると，次の仕事に相当することがわかる．
$$W = 4.19 \times 554 \times 10^3\,\mathrm{J} = 2.32 \times 10^6\,\mathrm{J}$$

(b) 質量 m の物体に働く重力の大きさは mg で，この物体を高さ h までもちあげるのに必要な仕事は mgh で与えられる．よって，人の登る高さ h は次のように計算される．
$$h = \frac{W}{mg} = \frac{2.32 \times 10^6}{60 \times 9.81}\,\mathrm{m} = 3.94 \times 10^3\,\mathrm{m} = 3.94\,\mathrm{km}$$

問題 3.4 人（質量 m）は一直線上を走るとし，その推進力を F，地面との間の動摩擦係数を μ'，重力加速度を g とする．人の重心運動の速度を v とすれば，運動方程式は
$$m\frac{dv}{dt} = F - \mu' mg$$
となる．人が等速運動していると上式の左辺は 0 となり，F は $F = \mu' mg$ と計算される．時間 Δt の間に人は距離 Δs だけ進むとすれば，この間に推進力のする仕事は $F\Delta s$ となり，単位時間当たりの仕事すなわち仕事率 P は
$$P = \frac{F\Delta s}{\Delta t} = Fv$$
と書ける．60 kg の人が $\mu' = 0.5$ の道路上を 3 m/s の等速で走るとすれば P は
$$P = 0.5 \times 60 \times 9.81 \times 3\,\mathrm{W} = 883\,\mathrm{W}$$
となる．ただし，W（ワット）は仕事率の単位で W = J/s である．ジョギングで 300 kcal 消費すれば，ジュール単位で 1.26×10^6 J に等しい．よって，これだけ消費するための所要時間は $(1.26 \times 10^6/883)\,\mathrm{s} = 1430\,\mathrm{s} \simeq 24$ 分 となる．

問題 4.1 1 モルの空気の質量は
$$\left(28 \times \frac{4}{5} + 32 \times \frac{1}{5}\right)\mathrm{g} = 28.8\,\mathrm{g}$$
と計算される．このため，1 g の空気のモル数は
$$n = \frac{1}{28.8}\,\mathrm{mol} = 3.47 \times 10^{-2}\,\mathrm{mol}$$
となる．27°C = 300 K，1.5 atm = 1.52×10^5 N・m^{-2} と表されるので，これらの数値を (3.7)（p.28）に代入すると体積 V は
$$V = \frac{3.47 \times 10^{-2} \times 8.31 \times 300}{1.52 \times 10^5}\,\mathrm{m}^3 = 5.69 \times 10^{-4}\,\mathrm{m}^3$$

と求まる．この体積が一辺の長さ L の立方体のそれに等しいとすれば，$L^3 = 5.69 \times 10^{-4} \, \mathrm{m}^3$ となり，これから
$$L = 8.29 \times 10^{-2} \, \mathrm{m} = 8.29 \, \mathrm{cm}$$
が得られる．

問題 4.2 理想気体の状態方程式は $pV = nRT$ で与えられる．T を一定にして両辺を p で偏微分すれば $V + p(\partial V/\partial p)_T = 0$ となる．この関係を利用すると，等温圧縮率 κ_T は次のように求まる．
$$\kappa_T = -\frac{1}{V}\left(\frac{\partial V}{\partial p}\right)_T = \frac{1}{p}$$

問題 4.3 (a) $0\,^\circ\mathrm{C}$ での体積，圧力をそれぞれ V_0, p_0 とし体積を V_0 に保ったまま，温度を $100\,^\circ\mathrm{C}$ にしたときの圧力を p_{100} と書く．体積が一定の場合，状態方程式から $p/T = $ 一定 の関係が成り立つ．このため $p_{100}/373 = p_0/273$ となり
$$\frac{p_{100}}{p_0} = \frac{373}{273} = 1.37$$
が得られ，1.37 倍となる．

(b) 温度は $100\,^\circ\mathrm{C}$ とするのでボイルの法則が適用でき $pV = $ 一定 となる．圧力が p_0 となったときの体積を V' とすれば $p_0 V' = p_{100} V_{100}$ と表される．これから
$$\frac{V'}{V_{100}} = \frac{p_{100}}{p_0} = \frac{373}{273} = 1.37$$
で，(a) と同様，1.37 倍となる．

問題 4.4 A, B の温度がともに $27\,^\circ\mathrm{C}\,(= 300\,\mathrm{K})$ のとき，A, B 中の空気のモル数を n とすれば，圧力を気圧で表すことにし
$$V = 300\,nR \tag{1}$$
が成り立つ．A の温度を $87\,^\circ\mathrm{C}\,(= 360\,\mathrm{K})$，B の温度を $27\,^\circ\mathrm{C}\,(= 300\,\mathrm{K})$ にしたとき熱平衡に達すれば圧力は共通となるのでこれを p 気圧とする．また，このときの A, B 中の空気のモル数を $n_\mathrm{A}, n_\mathrm{B}$ とすれば，状態方程式は
$$pV = 360 n_\mathrm{A} R, \quad pV = 300 n_\mathrm{B} R \tag{2}$$
と書ける．また，管の体積を無視すれば，質量保存則から
$$2n = n_\mathrm{A} + n_\mathrm{B} \tag{3}$$
となる．(2) から $360 n_\mathrm{A} = 300 n_\mathrm{B}$ が得られ
$$\frac{n_\mathrm{A}}{n_\mathrm{B}} = \frac{300}{360} = \frac{5}{6}$$
となって，これが [(1)] の答である．また，(1), (2) から
$$n = \frac{V}{300R}, \quad n_\mathrm{A} = \frac{pV}{360R}, \quad n_\mathrm{B} = \frac{pV}{300R}$$
と書け，これを (3) に代入して [(2)] の答として次式が求まる．

$$p = \frac{\dfrac{2}{300}}{\dfrac{1}{360}+\dfrac{1}{300}} = \frac{12}{11}$$

問題 5.1 液相-固相の境界線は図 3.6 でみられるように V 軸とほぼ垂直で，この線上で $V = $ 一定 とみなしてよい．これは図 3.8 で点 Q'，点 R' はそれぞれ点 Q，点 R の真上に位置し，図 3.9 の液相-固相の境界線は等積線と一致することを意味する．よって，例題 4 中の (2)（p.19）からわかるように $\beta < 0$ の場合，液相-固相の境界線は左上がりとなる．

問題 5.2 国際単位系で $p_c = 1.013 \times 10^5 \times 73.0\,\text{Pa} = 7.40 \times 10^6\,\text{Pa}$, $V_c = 95.7 \times 10^{-6}\,\text{m}^3 \cdot \text{mol}^{-1}$ と表され，$R = 8.31\,\text{J} \cdot \text{mol}^{-1} \cdot \text{K}^{-1}$ を使うと

$$K = \frac{8.31 \times 304.3}{7.40 \times 10^6 \times 95.7 \times 10^{-6}} = 3.57$$

と計算される．理想気体の場合には $K = 1$ となる．$T = T_c$ に対する等温線は $V \to \infty$ の極限で理想気体のそれと一致する．しかし，下図に示すように現実の臨界圧力 p_c は理想気体の p_c^0 より小さい．このため K は 1 より大きな定数となる．

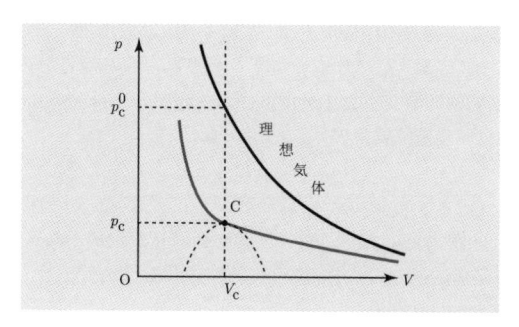

問題 5.3 例えば，一定圧力で下左図のような変化を考えれば 気相 $\rightleftarrows$ 固相 の転移が起こる．一般に気相-固相の境界線を通る変化は同様な転移を記述する．昇華に対する等温線は下右図のように表される．

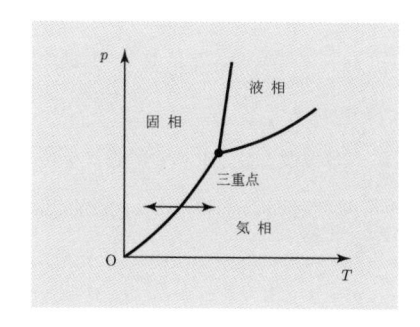

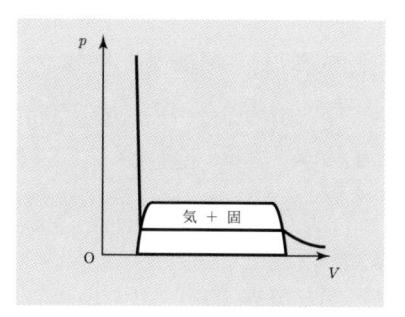

4 章の解答

問題 1.1 例題 1 中の (a) と同様に考え次式を得る．
$$dU = \left(\frac{\partial U}{\partial T}\right)_p dT + \left(\frac{\partial U}{\partial p}\right)_T dp$$

問題 1.2 次式が導かれる．
$$dU = \left(\frac{\partial U}{\partial V}\right)_p dV + \left(\frac{\partial U}{\partial p}\right)_T dp$$

問題 1.3 内部エネルギーは示量性であるから系全体の値は個々の相の値の和となる．したがって，次式が成り立つ．
$$U(T,p) = m_A u_A(T,p) + m_B u_B(T,p)$$

問題 2.1 $5\,\mathrm{J} - 4.19 \times 3\,\mathrm{J} = -7.57\,\mathrm{J}$

問題 2.2 準静的過程では体系の体積が V から $V+dV$ まで増加するとき，体系のする仕事は pdV と書ける．よって，W_{AB} は与式のように表され，これは積分の定義により図 4.4 の水色部分の面積に等しい．

問題 2.3 (4.5) (p.34) を単位質量の系に適用すると
$$du = -pdv + d'q$$
が得られる．体積を一定とすれば $dv = 0$ と書け，$d'q = du$ が成り立つ．単位質量では $c_v = d'q/dT$ となり，v が一定であることに注意すれば与式が導かれる．

問題 3.1 He 気体の定積比熱 c_v は次のように計算される．
$$c_v = \frac{12.65}{4}\,\mathrm{J\cdot g^{-1}\cdot K^{-1}} = 3.16\,\mathrm{J\cdot g^{-1}\cdot K^{-1}}$$

問題 3.2 $C_p - C_V = 8.68\,\mathrm{J\cdot mol^{-1}\cdot K^{-1}}$ と計算されるが，(4.9) (p.36) によればこの値は $R = 8.31\,\mathrm{J\cdot mol^{-1}\cdot K^{-1}}$ になるはずである．その誤差は 4% 程度で大体理論通りである．

問題 3.3 (a) 部屋の空気は体積は $6\,\mathrm{m} \times 6\,\mathrm{m} \times 2.5\,\mathrm{m} = 90\,\mathrm{m}^3$ である．この空気の質量は
$$1.20 \times 90\,\mathrm{kg} = 108\,\mathrm{kg}$$
となる．1 モルの空気の質量は $28.8\,\mathrm{g} = 28.8 \times 10^{-3}\,\mathrm{kg}$ であるから，空気のモル数は
$$\frac{108}{28.8 \times 10^{-3}}\,\mathrm{mol} = 3750\,\mathrm{mol}$$
と計算される．体積を一定に保ち，この空気を $5\,\mathrm{K}$ だけ温度上昇させるのに必要なエネルギーは
$$3750 \times 5 \times 20.7\,\mathrm{J} = 3.88 \times 10^5\,\mathrm{J}$$
と表される．

(b) 出力 $2\,\mathrm{kW}$ のエアコンは $1\,\mathrm{s}$ 当たり $2 \times 10^3\,\mathrm{J}$ のエネルギーを発生するので，(a) で求めたエネルギーを発生させるための所要時間は

4章の解答

$$\frac{3.88 \times 10^5}{2 \times 10^3}\,\text{s} = 194\,\text{s}$$

と計算される．

問題 3.4 問題 3.3 で求めた 3.88×10^5 J の熱量を発生するに必要なプロパンは

$$\frac{3.88 \times 10^5}{50.5 \times 10^3}\,\text{g} = 7.68\,\text{g}$$

となる．

問題 4.1 圧縮前，圧縮後の物理量にそれぞれ添字 0, 1 をつけると

$$\frac{V_1}{V_0} = \left(\frac{T_0}{T_1}\right)^{1/(\gamma-1)} = \left(\frac{300}{673}\right)^{2.5} = 0.133$$

とすればよい．また，圧縮後の圧力は

$$p_1 = \left(\frac{V_0}{V_1}\right)^\gamma \text{atm} = \left(\frac{1}{0.133}\right)^{1.4} \text{atm} = 16.9\,\text{atm}$$

となる．

問題 4.2 断熱変化では

$$pV^\gamma = p_A V_A^\gamma = p_B V_B^\gamma$$

が成り立つ．したがって，仕事 W_{AB} は

$$\begin{aligned}W_{AB} &= \int_{V_A}^{V_B} p\,dV = p_A V_A^\gamma \int_{V_A}^{V_B} \frac{dV}{V^\gamma} \\ &= p_A V_A^\gamma \frac{V_A^{1-\gamma} V_B^{1-\gamma}}{\gamma-1} = \frac{1}{\gamma-1}(p_A V_A - p_A V_A^\gamma V_B^{1-\gamma}) \\ &= \frac{p_A V_A - p_B V_B}{\gamma-1}\end{aligned}$$

と表される．あるいは，状態方程式 $pV = nRT$ を適用すると

$$W_{AB} = \frac{nR}{\gamma-1}(T_A - T_B)$$

と書ける．

問題 5.1 クラウジウスの式により

$$|Q_2| = \frac{Q_1 T_2}{T_1}$$

と書ける．したがって，η は

$$\eta = \frac{Q_1 - |Q_2|}{Q_1} = \frac{T_1 - T_2}{T_1}$$

で与えられる．

問題 5.2 η は

$$\eta = \frac{300}{600} = 0.5$$

と計算される．すなわち，η は 50 % である．

5章の解答

問題 1.1 導線が熱を吸収し電流が流れるという現象は起こり得ない．よってジュール熱の発生は不可逆現象である．

問題 1.2 熱量が低温部から高温部へ移動することは熱量保存則，すなわちエネルギー保存則と矛盾しない．同様に，摩擦熱が同量の力学的エネルギーに変わることはエネルギー保存則と矛盾しない．熱力学第一法則とは一般的なエネルギー保存則であるから，こうして熱伝導や摩擦熱のような不可逆過程は熱力学第一法則と矛盾しないことがわかる．

問題 2.1 一般に命題 A が成立するとき命題 B か命題 B′ か成り立つ．すなわち，A → B か，A → B′ かのどちらが正しい．B′ → A′ が証明されているとき，A → B′ が正しいと仮定しよう．この仮定下で A → B′ → A′ となり，A と A′ とが両立することはなく矛盾に導く．よって，A → B でなければならない．すなわち，A → B を証明するにはその対偶をとり B′ → A′ を示せばよい．

問題 2.2 自動車が走るとき，タイヤの摩擦熱，エンジンの生じる熱などが大量に大気中に捨てられる．また，エアコンは部屋または建物中の熱を外部に捨てる．また元来，海水中には無尽蔵ともいうべき熱が含まれこの種の熱を代償なしに力学的エネルギーに変換するような第二種の永久期間が実現すれば，この機関は実用上第一種の永久機関と大差ない．

問題 2.3 温度 T_1 の高温熱源と温度 T_2 の低温熱源との間で働くカルノーサイクルの効率は

$$\eta = \frac{T_1 - T_2}{T_1}$$

で与えられる．もし，$T_2 = 0$ が実現すれば上式により $\eta = 1$ で，逆カルノーサイクルを働かせば熱をすべて仕事に変えることになりトムソンの原理に反する．したがって，絶対零度は実現できない．0 K にいくらでも近い低温が実現できるが，完全な 0 K は実現できないのである．

問題 3.1 例題 3 中のクラウジウスの式 (4) を利用し，低温熱源へ Q_2 の熱量を放出するのであるから低温熱源の吸収する熱量は $-Q_2$ である点に注意すれば

$$\frac{Q_1}{T_1} + \frac{-Q_2}{T_2} \leq 0$$

の関係が導かれる．上式から

$$Q_1 \leq \frac{T_1}{T_2} Q_2$$

と書ける．1 サイクルの間に外部にする仕事は $W = Q_1 - Q_2$ と表され，したがって

$$W \leq \frac{T_1}{T_2} Q_2 - Q_2$$

となり，題意が得られる．

問題 3.2 題意により，3 → 4 以外の状態変化は本文中と同じであり，高温熱源から受けとった Q_1 は第 4 章の例題 5 中の (1)（p.42）と同様

$$Q_1 = nRT_1 \ln \frac{V_2}{V_1}$$

で与えられる．$3 \to 4$ の圧縮過程で準静的変化を考慮すれば，ピストンの平衡を考慮して

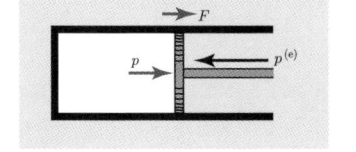

$$p^{(e)}S = pS + F$$

が成り立つ（右図）．ピストンの移動距離を Δl とすれば，外力 $p^{(e)}S$ のする仕事 $d'W$ は，外力の向きとピストンの移動する向きとが同じであることを考慮し

$$d'W = p^{(e)}S\,\Delta l = p\,\Delta V + F\,\Delta l$$

となる．ここで，ΔV，Δl はいずれも正の量である．シリンダーの軸に沿った気体の長さを l とすれば，$\Delta V = -dV$，$\Delta l = -dl$ と表される．したがって，熱力学の第一法則 $dU = d'W + d'Q$ を $3 \to 4$ の経路に沿い積分し内部エネルギーは温度だけの関数であることに注意すると

$$0 = \int_3^4 d'W + \int_3^4 d'Q = -\int_{V_3}^{V_4} \left(p + \frac{F}{S}\right)dV + Q_2$$

が得られる．上式から Q_2 は

$$\begin{aligned}Q_2 &= \int_{V_3}^{V_4} p\,dV + \frac{F}{S}(V_4 - V_3) = \int_{V_3}^{V_4} \frac{nRT_2}{V}dV + \frac{F}{S}(V_4 - V_3) \\ &= nRT_2 \ln \frac{V_4}{V_3} + \frac{F}{S}(V_4 - V_3)\end{aligned}$$

と計算される．いまの場合でも $V_2/V_1 = V_3/V_4$ が成り立つ．このため，効率 η は

$$\eta = \frac{Q_1 + Q_2}{Q_1} = \frac{T_1 - T_2}{T_1} + \frac{F(V_4 - V_3)}{nRT_1 S \ln(V_2/V_1)}$$

と求められる．$V_2 > V_1$，$V_3 > V_4$ であるから，上の η は通常のカルノーサイクルの効率より小さい．これは一般論の結果と同じである．

問題 4.1

$$Q_2 = \frac{250}{1000}\frac{1000-300}{300-250}\,\text{J} = 3.5\,\text{J}$$

問題 4.2 1サイクルに熱力学第一法則を適用すると

$$0 = W + \sum_{i=1}^n Q_i$$

となる．したがって，1サイクルの間に C のした仕事は次のように書ける．

$$-W = \sum_{i=1}^n Q_i$$

問題 4.3 n 個の熱源を吸熱過程（$Q_i > 0$）に相当するものと放熱過程（$Q_i < 0$）に相当するものとの 2 種類にわけ前者をグループ 1，後者をグループ 2 とする．クラウジウスの不等式

$$\sum_{i=1}^n \frac{Q_i}{T_i} \le 0$$

をグループ 1, 2 に分けると
$$\sum_1 \frac{Q_i}{T_i} + \sum_2 \frac{Q_i}{T_i} \leqq 0$$
と書ける．グループ 1 では $Q_i > 0$ であるから $Q_i/T_{\max} \leqq Q_i/T_i$，またグループ 2 では $Q_i < 0$ であるから $Q_i/T_{\min} \leqq Q_i/T_i$ が成り立つ．このため
$$\frac{1}{T_{\max}}\sum_1 Q_i + \frac{1}{T_{\min}}\sum_2 Q_i \leqq 0$$
が得られる．ここで
$$\sum_1 Q_i = Q_1, \quad \sum_2 Q_i = Q_2$$
とおけば，Q_1, Q_2 はそれぞれ吸熱過程，放熱過程で熱機関で吸収した熱量である（実際は $Q_1 > 0$, $Q_2 < 0$）．上の 2 式から
$$\frac{Q_1}{T_{\max}} + \frac{Q_2}{T_{\min}} \leqq 0 \qquad \therefore \quad \frac{Q_2}{Q_1} \leqq -\frac{T_{\min}}{T_{\max}}$$
となる．前問により，1 サイクル後に熱機関のした仕事 W は $W = Q_1 + Q_2$ と表される．したがって，熱機関の効率 η に対し次の関係が成立する．
$$\eta = \frac{W}{Q_1} = \frac{Q_1 + Q_2}{Q_1} = 1 + \frac{Q_2}{Q_1} \leqq 1 - \frac{T_{\min}}{T_{\max}}$$

問題 5.1 $dS = d'Q/T$ で $T = $ 一定 であるから，これを積分し題意のようになる．

問題 5.2 前問で Q を融解熱とすれば
$$Q = 80\,\text{cal} = 335.2\,\text{J}$$
である．また，$T = 0\,°\text{C} = 273\,\text{K}$ を使うと，エントロピーの増加は
$$\frac{335.2}{273}\,\text{J}\cdot\text{g}^{-1}\cdot\text{K}^{-1} = 1.23\,\text{J}\cdot\text{g}^{-1}\cdot\text{K}^{-1}$$
と計算される．

問題 5.3 温度を上昇させるには，例えば等積あるいは等圧などの条件が必要であるが，このような条件に対応する比熱を一般に c とする．温度を T から $T + dT$ に上げるとき体系が吸収する熱量 $d'Q$ は $d'Q = mcdT$ と書けるから，エントロピーの増加 S は
$$S = mc\int_{T_1}^{T_2} \frac{dT}{T} = mc\ln\frac{T_2}{T_1}$$
で与えられる．

問題 5.4 p.53 の参考で述べたように，一般に
$$dS = \frac{dU}{T} + \frac{pdV}{T}$$
の関係が成り立つ．n モルの理想気体では，定積モル比熱を C_V として，$dU = nC_V dT$, $pV = nRT$ と書ける．したがって，上式は
$$dS = nC_V\frac{dT}{T} + nR\frac{dV}{V}$$

と表される．これを積分すると，S は次のようになる．
$$S = nC_V \ln T + nR \ln V + S_0$$
上式中の S_0 は積分定数で，この付加項はエントロピーの不定性を表す．例えば，質量 m の理想気体の等積変化の場合，$nC_V = mc_v$ に注意すると，ここでの結果は問題 5.3 のそれに帰着する．

問題 5.5 微小仕事のときには $d'W = -pdV$ と書け，$dV = -d'W/p$ が成り立つ．V は状態量であるから，この場合の積分因子は $-1/p$ である．同様に，微小熱量 $d'Q$ では $dS = d'Q/T$ となるので $1/T$ が積分因子である．

問題 6.1 問題 5.4 の結果により
$$S(2V) - S(V) = nR(\ln 2V - \ln V) = nR \ln 2$$
が得られる．$\ln 2 = 0.6931\cdots$ は正で，このような変化でエントロピーは増加する．

問題 6.2 温度は一定であるから内部エネルギーは変化せず，自由膨張では体系に働く仕事も 0 である．このため，熱力学第一法則により，吸収する熱量も 0 で状態変化は断熱過程となる．また，自由膨張は不可逆過程なのでエントロピーは増加する．

問題 6.3 自然の流れと逆向きなのは①である．

問題 7.1 可逆過程では $d'Q/dT = T(dS/dT)$ が成り立ち，特に $V = $ 一定 の等積変化を考えると $d'Q/dT$ は体積が一定な場合の熱容量 C_V を表す．すなわち
$$\left(\frac{\partial S}{\partial T}\right)_V = \frac{C_V}{T} \tag{1}$$
と書け，与式が求まる．一方，マクスウェルの関係式 (5.15)（p.55）により
$$\left(\frac{\partial S}{\partial V}\right)_T = \left(\frac{\partial p}{\partial T}\right)_V \tag{2}$$
が成立する．(1), (2) の右辺はいずれも実験的に測定でき，これらを T, V の関数として求めれば，それを積分し原理的に $S(T, V)$ の関数形が決まる．

問題 7.2 n モルの理想気体の内部エネルギーは U_0 を定数として $U = nC_V T + U_0$ と書ける．ここで，C_V は定積モル比熱を意味する．(5.12) を利用し，問題 5.4 の結果を使うと
$$F = U - TS$$
$$= nC_V T - nC_V T \ln T - nRT \ln V + F_0$$
が得られる．ただし，$F_0 = U_0 - TS_0$ である．

問題 7.3 $dH = dU + pdV + Vdp$ である．これに $dU = -pdV + TdS$ を代入すると $dH = TdS + Vdp$ が得られる．このため，次式が成り立つ．
$$\left(\frac{\partial H}{\partial S}\right)_p = T, \quad \left(\frac{\partial H}{\partial p}\right)_S = V$$

問題 7.4 次の関係 $dU = -pdV + TdS$ より
$$p = -\left(\frac{\partial U}{\partial V}\right)_S, \quad T = \left(\frac{\partial U}{\partial S}\right)_V$$

と書け，これから左の与式が得られる．また，前問で示したように，エンタルピーの微分から
$$V = \left(\frac{\partial H}{\partial p}\right)_S, \quad T = \left(\frac{\partial H}{\partial S}\right)_p$$
と書け，左式を S，右式を p で微分し右の与式が導かれる．

問題 7.5 温度 T を一定に保ち $dU = -pdV + TdS$ を dV で割れば
$$\left(\frac{\partial U}{\partial V}\right)_T = -p + T\left(\frac{\partial S}{\partial V}\right)_T$$
となる．ここで (5.15)（p.55）の関係 $(\partial S/\partial V)_T = (\partial p/\partial T)_V$ を利用すると
$$\left(\frac{\partial U}{\partial V}\right)_T = T\left(\frac{\partial p}{\partial T}\right)_V - p$$
で，与式が得られる．n モルの理想気体では
$$pV = nRT \quad \therefore \quad \left(\frac{\partial p}{\partial T}\right)_V = \frac{nR}{V}$$
が成立し $(\partial U/\partial V)_T = 0$ となる．したがって，U は V に依存しない．

問題 8.1 ギブスの自由エネルギーを $G(T, p, N_1, N_2, \cdots, N_n)$ とすれば，G は示量性の状態量なので，T, p を一定に保ち，N_j を x 倍にすれば x 倍となる．すなわち
$$G(T, p, xN_1, xN_2, \cdots, xN_n) = xG(T, p, N_1, N_2, \cdots, N_n)$$
が成り立つ．上式を x に関して微分し，$x = 1$ とおけば
$$G(T, p, N_1, N_2, \cdots, N_n) = \sum_{j=1}^{n} N_j \frac{\partial G}{\partial N_j}$$
となる．ここで
$$\mu_j = \left(\frac{\partial G}{\partial N_j}\right)_{T, p, (N_j)}$$
を利用すると，(5.26) が導かれる．

問題 8.2 1種類の粒子を考え粒子数を N，ギブスの自由エネルギーを G，化学ポテンシャルを μ とすれば，前問により $G = N\mu$ が成り立つ．すなわち，化学ポテンシャルは粒子1個当たりのギブスの自由エネルギーに等しい．1個の粒子の質量を m とすれば，一般に体系の質量は mN と書けるので単位質量の体系中の粒子数は $1/m$ となる．このため，単位質量のギブスの自由エネルギーは μ/m と表され，m は共通であるから $\mu_A = \mu_B$ の条件から $g_A = g_B$ が得られる．

問題 8.3 気相，液相，固相における単位質量当たりのギブスの自由エネルギーを g_G, g_L, g_S とすれば，気相-液相の共存曲線は
$$g_G(T, p) = g_L(T, p)$$
から，液相-固相の共存曲線は
$$g_L(T, p) = g_S(T, p)$$
から，固相-気相の共存曲線は
$$g_S(T, p) = g_G(T, p)$$
から決まる．三重点では気相，液相，固相が共存するから，この点は

$$g_\mathrm{G}(T,p) = g_\mathrm{L}(T,p) = g_\mathrm{S}(T,p)$$

の関係で求められる．

問題 8.4 n 成分系のギブスの自由エネルギーに対し

$$G = \sum N_j \mu_j$$

の関係が成り立つ．両辺の微分をとり，(5.25)（p.57）を適用すると

$$-SdT + Vdp + \sum \mu_j dN_j = \sum \mu_j dN_j + \sum N_j d\mu_j$$

と書け，これから与式が導かれる．

問題 9.1 気化熱 Q は $Q = T(s_\mathrm{G} - s_\mathrm{L})$ と書けることに注意すれば与式が得られる．

問題 9.2 $1\,\mathrm{cal} = 4.19\,\mathrm{J}$ を用いると

$$Q = 539\,\mathrm{cal\cdot g^{-1}} = 2.26 \times 10^6\,\mathrm{J\cdot kg^{-1}}$$

である．いまの場合，$v_\mathrm{G} \gg v_\mathrm{L}$ であるから，v_L は v_G に比べ無視できる．$T = 100\,^\circ\mathrm{C} = 373\,\mathrm{K}$ を使い

$$\frac{dp}{dT} = \frac{2.26 \times 10^6\,\mathrm{J\cdot kg^{-1}}}{373 \times 1.674\,\mathrm{K\cdot m^3\cdot kg^{-1}}} = 3.62 \times 10^3 \frac{\mathrm{N}}{\mathrm{m^2 \cdot K}}$$

と計算される．ここで，$\mathrm{J} = \mathrm{N\cdot m}$ の関係を用いた．1 気圧 $= 1\,\mathrm{atm} = 1.013 \times 10^5\,\mathrm{N\cdot m^{-2}}$ を使い圧力を atm に変換すると

$$\frac{dp}{dT} = \frac{3.62 \times 10^3}{1.013 \times 10^5}\frac{\mathrm{atm}}{\mathrm{K}} = 3.57 \times 10^{-2} \frac{\mathrm{atm}}{\mathrm{K}}$$

となる．あるいは，この逆数をとると $dT/dp = 28.0\,\mathrm{K\cdot atm^{-1}}$ である．すなわち，圧力を増やすと，1 気圧ごとに 28.0 K の割合で沸点が上昇する．この現象を**沸点上昇**という．圧力鍋はこの現象を利用している．

問題 9.3 気相を液相，液相を固相に対応させれば，クラウジウス–クラペイロンの式は

$$\frac{dp}{dT} = \frac{s_\mathrm{L} - s_\mathrm{S}}{v_\mathrm{L} - v_\mathrm{S}}$$

と表される．$Q' = T(s_\mathrm{L} - s_\mathrm{S})$ の関係を使えば与式が導かれる．

問題 9.4

$$T = 273\,\mathrm{K}, \quad Q' = 80\,\mathrm{cal\cdot g^{-1}} = 3.35 \times 10^5\,\mathrm{J\cdot kg^{-1}}$$

という数値ならびに与えられた $v_\mathrm{L}, v_\mathrm{S}$ を前問の結果に代入し

$$\frac{dT}{dp} = \frac{T(v_\mathrm{L} - v_\mathrm{S})}{Q'} = -7.42 \times 10^{-8} \frac{\mathrm{K\cdot m^2}}{\mathrm{N}}$$

と計算される．1 気圧 $= 1.013 \times 10^5\,\mathrm{N\cdot m^{-2}}$ を使うと

$$\frac{dT}{dp} = -7.5 \times 10^{-3} \frac{\mathrm{K}}{\mathrm{atm}}$$

が得られる．すなわち，1 気圧につき 7.5×10^{-3} K の割合で氷点は低下する．これを**氷点降下**という．2.3 節の例題 4（p.19）で述べたように，氷点降下は水の体膨張率が負であるために起こる．スケート靴で氷を押すと氷点が下がり，エッジと氷の間で溶けた水のためスケート靴は滑りやすくなる．

6章の解答

問題 1.1 (a) f に対する方程式は
$$f''(\xi) = -\beta^2 f(\xi)$$
と表される．

(b) 上の方程式の解は
$$f(\xi) = A\sin(\beta\xi + \theta)$$
と書ける（A, θ は任意定数）．この関数は正負の値をとるが，f は分子数であるから負になることはなく，上のような三角関数が現れるのは不合理である．したがって，この場合を除外しなければならない．

問題 1.2 (6.8) で $\xi = \eta = \zeta = 0$ とおけば
$$f(0) = a^{-6} f^3(0)$$
と書ける．よって，$f(0) \neq 0$ とすれば $a^{-6} = 1/f^2(0)$ と表される．このため (6.8) は
$$f(\xi + \eta + \zeta) = \frac{f(\xi)f(\eta)f(\zeta)}{f^2(0)}$$
と書ける．
$$e^{-\alpha(\xi+\eta+\zeta)} = e^{-\alpha\xi}e^{-\alpha\eta}e^{-\alpha\zeta}$$
であることに注意すれば上式の成り立つことがわかる．

問題 1.3 ガウス積分の結果 (6.15) (p.63) を利用すると
$$v^2 = v_x^2 + v_y^2 + v_z^2$$
であるから
$$\rho = A\left(\frac{\pi}{\alpha}\right)^{3/2}$$
という関係が得られる．これは (6.16) である．

問題 2.1 被積分関数は x の偶関数であるから，(6.15) は
$$2\int_0^\infty dx \exp(-\alpha x^2) = \left(\frac{\pi}{\alpha}\right)^{1/2}$$
と書け，これから与式が導かれる．

問題 2.2 (6.15) の両辺を α で偏微分すれば
$$-\int_{-\infty}^\infty x^2 dx \exp(-\alpha x^2) = -\frac{\pi^{1/2}}{2\alpha^{3/2}}$$
となる．上式の符号を逆転させれば，与えられた関係が得られる．

問題 3.1 現実の気体では分子と分子との間に力（分子間力）が働き本来なら圧力の計算をするときにもこの力を考慮する必要がある．しかし，ここでは理想気体を対象としたため，分子間力は無視でき，気体分子の運動量変化だけを考えれば十分である．

6章の解答

問題 3.2 ロシュミット数は以下のように計算される.
$$\rho_L = \frac{6.022 \times 10^{23}}{22.4 \times 10^{-3}\,\text{m}^3} = 2.69 \times 10^{25}\,\text{m}^{-3}$$
この数は気体の種類に依存しない.

問題 4.1 k_B は $\text{J} \cdot \text{K}^{-1}$, T は K の次元を有するため, $k_B T$ は J, すなわちエネルギーの次元をもつ.

問題 4.2 $T = 300\,\text{K}$ とすれば次のようになる.
$$k_B T = 1.38 \times 10^{-23} \times 300\,\text{J} = 4.14 \times 10^{-21}\,\text{J}$$

問題 5.1 (a) 分子の速さが v と $v+dv$ との間にある確率は (6.28) の $p(\boldsymbol{v})d\boldsymbol{v}$ を v_x, v_y, v_z に関し図 6.5 の斜線部内で積分すれば求まる. この部分の体積は $4\pi v^2 dv$ と表されるから, $F(v)$ は
$$F(v)dv = \left(\frac{m}{2\pi k_B T}\right)^{3/2} \exp\left(-\frac{mv^2}{2k_B T}\right) 4\pi v^2 dv$$
となる. この $F(v)$ を図に書くと右図のように表される.
$$\frac{mv_1^2}{2k_B T} = 1$$
で v_1 を定義すれば $v \ll v_1$ の領域では上式中の指数関数は 1 とみなせるので $F(v)$ は v^2 に比例し, 逆に $v \gg v_1$ では指数関数のため $F(v)$ は急速に 0 となる.

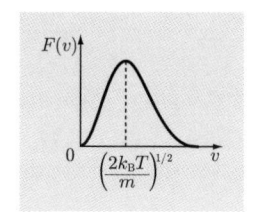

(b) $F(v)$ の v 依存性は, 定数項の係数を除き
$$F(v) = \exp(-Bv^2)v^2, \quad B = m/2k_B T$$
という形に書ける. これを v で微分すると,
$$F'(v) = (2v - 2Bv^3)\exp(-Bv^2)$$
となる. $F'(v) = 0$ の条件から $v = B^{-1/2}$ と表され, $F(v)$ は
$$v = \left(\frac{2k_B T}{m}\right)^{1/2}$$
で最大になることがわかる.

問題 5.2 $e \sim e + de$ の範囲が $v \sim v + dv$ に対応するとすれば
$$G(e)de = F(v)dv$$
が成り立つ. $e = (m/2)v^2$ から
$$v = \left(\frac{2}{m}\right)^{1/2} e^{1/2}, \quad dv = \left(\frac{2}{m}\right)^{1/2} \frac{de}{2e^{1/2}}$$
と書け, 前問の $F(v)dv$ に対する結果を利用すると
$$\begin{aligned}
G(e)de &= F(v)dv \\
&= F(v)\left(\frac{1}{2m}\right)^{1/2}\frac{de}{e^{1/2}} \\
&= \left(\frac{m}{2\pi k_B T}\right)^{3/2} \exp\left(-\frac{e}{k_B T}\right) 4\pi \frac{2e}{m}\left(\frac{1}{2m}\right)^{1/2}\frac{de}{e^{1/2}}
\end{aligned}$$

が得られる．これを整理すると $G(e)$ は

$$G(e) = \frac{2\pi}{(\pi k_B T)^{3/2}} \sqrt{e} \exp\left(-\frac{e}{k_B T}\right)$$

と表される．$e \ll k_B T$ では $G(e) \propto \sqrt{e}$ であるが，$e \gg k_B T$ だと $G(e)$ は指数関数的に 0 に近づき，その概略は図のようになる．$G(e)$ が最大になるところを求めるため

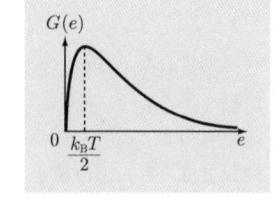

$$e^{1/2} \exp\left(-\frac{e}{k_B T}\right)$$

を e で微分すると定数項の係数を除き

$$G'(e) = \left(\frac{1}{2e^{1/2}} - \frac{e^{1/2}}{k_B T}\right) \exp\left(-\frac{e}{k_B T}\right)$$

が得られる．これを 0 とおくと $e = k_B T/2$ であるから，そこで $G(e)$ は最大となる．

問題 5.3 例題 6 (p.71) で示すように (6.35) の結果，すなわち

$$\langle v^2 \rangle = \frac{3k_B T}{m}$$

が成り立ち，これから題意が導かれる．

問題 5.4 (a) (6.30) で $p = 1$ とおけば $\Gamma(2) = 1$ を利用して

$$\langle v \rangle = \frac{2}{\pi^{1/2}} \left(\frac{2k_B T}{m}\right)^{1/2}$$

と表される．

(b) x, y, z 方向が同等であることに注意すると，次のようになる．

$$\langle v v_x^2 \rangle = \langle v v_y^2 \rangle = \langle v v_z^2 \rangle$$
$$= \frac{1}{3} \langle v(v_x^2 + v_y^2 + v_z^2) \rangle$$
$$= \frac{1}{3} \langle v^3 \rangle = \frac{4}{3\pi^{1/2}} \left(\frac{2k_B T}{m}\right)^{3/2}$$

問題 5.5 (a) $\Gamma(s+1)$ に部分積分を適用すると

$$\Gamma(s+1) = \int_0^\infty x^s e^{-x} dx$$
$$= -x^s e^{-x} \Big|_0^\infty + \int_0^\infty s x^{s-1} e^{-x} dx$$

となるが，上式の第 1 項は 0 となるので，与式が導かれる．

(b) (a) の結果を繰り返し用いると

$$\Gamma(n) = (n-1)\Gamma(n-1) = (n-1)(n-2)\Gamma(n-2) = \cdots$$

が成り立つ．$\Gamma(1)$ は

$$\Gamma(1) = \int_0^\infty e^{-x} dx = -e^{-x} \Big|_0^\infty = 1$$

と計算されるので $\Gamma(n-1) = (n-1)!$ となる．以下の

$$\int_0^\infty x^n e^{-x} dx = n! \quad (n = 0, 1, 2, 3, \cdots)$$

は覚えやすい関係であろう．

問題 5.6 $\Gamma(1/2)$ は

$$\Gamma\left(\frac{1}{2}\right) = \int_0^\infty x^{-1/2} e^{-x} dx$$

であるが，$x = t^2$ の変数変換を行うと，$dx = 2tdt$ と書け次のようになる．

$$\Gamma\left(\frac{1}{2}\right) = 2\int_0^\infty \exp(-t^2) dt = \pi^{1/2}$$

問題 6.1 電子の質量は $m = 9.11 \times 10^{-31}$ kg である．$k_\mathrm{B} = 1.38 \times 10^{-23}$ J・K^{-1} を用いると

$$v_1 = \left(\frac{3 \times 1.38 \times 10^{-23} \times 293}{9.11 \times 10^{-31}}\right)^{1/2} \frac{\mathrm{m}}{\mathrm{s}} = 1.15 \times 10^5 \,\mathrm{m \cdot s^{-1}}$$

と計算される．

問題 6.2

$$\langle v \rangle = \frac{2}{\pi^{1/2}} \left(\frac{2k_\mathrm{B}T}{m}\right)^{1/2}, \quad v_\mathrm{t} = \left(\frac{3k_\mathrm{B}T}{m}\right)^{1/2}$$

を使うと

$$\frac{\langle v \rangle}{v_\mathrm{t}} = \frac{2\sqrt{2}}{\sqrt{3\pi}} = 0.921318\cdots$$

となる．これからわかるように，$\langle v \rangle$ は v_t のほぼ 90％程度である．

問題 6.3 1 モルの気体中の分子数はモル分子数 N_A に等しい．したがって，(6.34)（p.70）中の N を N_A とし，(6.36) を代入すれば

$$U = \frac{3N_\mathrm{A} k_\mathrm{B} T}{2}$$

となる．一方，$N_\mathrm{A} k_\mathrm{B} = R$ が成り立つので，1 モルの理想気体の内部エネルギーは

$$U = \frac{3R}{2}T$$

で与えられる．上式からわかるように，理想気体の内部エネルギーは温度だけに依存し体積には依存しない．熱力学ではこれを 1 つの仮定としたが，分子運動論の立場ではそれが証明されたことになる．定積モル比熱は

$$C_V = \left(\frac{\partial U}{\partial T}\right)_V$$

と書けるので

$$C_V = \frac{3}{2}R$$

と計算される．

問題 6.4 マイヤーの関係によると $C_p - C_V = R$ が成り立ち単原子分子の理想気体の定圧モル比熱は

$$C_p = \frac{5}{2}R$$

となる．また γ は $\gamma = 5/3$ と表される．

問題 6.5　(3.8) (p.28) で与えられる R の値 $R = 8.31\,\mathrm{J \cdot mol^{-1} \cdot K^{-1}}$ を使うと

$$C_V = 12.47\,\mathrm{J \cdot mol^{-1} \cdot K^{-1}}, \quad C_p = 20.78\,\mathrm{J \cdot mol^{-1} \cdot K^{-1}}$$

と計算される．実測値との誤差はそれぞれ 4%, 2% の程度となる．一方，γ の理論値は $\gamma = 5/3 = 1.67$ で実測値との誤差は 2% 程度で実験と理論との一致はよい．

問題 6.6　1 つの分子当たり $5k_\mathrm{B}T/2$ だけのエネルギーが分配されるので，1 モルの場合，問題 6.3 と同じように考え内部エネルギーは次式のようになる．

$$U = \frac{5R}{2}T$$

問題 6.7　1 個の分子のエネルギーの平均値は $fk_\mathrm{B}T/2$ となる．このため 1 モル当たりの内部エネルギー，定積モル比熱はそれぞれ

$$U = \frac{fRT}{2}, \quad C_V = \frac{fR}{2}$$

と表される．一方，マイヤーの関係 $C_p - C_V = R$ を利用すると定圧モル比熱は

$$C_p = \frac{(f+2)R}{2}$$

と書ける．よって，比熱比 $\gamma = C_p/C_V$ は与式のようになる．単原子分子では $f = 3$ なので $\gamma = 5/3$ となり，問題 6.4 の結果と一致する．

問題 6.8　原子 1, 2, 3 が図 (a) のように三角形を構成するときを考える．一般に，1, 2, 3 の位置を決定するには 9 個の変数が必要である．しかし，仮定により 12 間，23 間，31 間の距離が一定という 3 つの条件が課せられるので，自由に変化し得る変数の数は 6 で自由度は 6 となる．一方，図 (b) のように 1, 2, 3 が一直線上のとき 1, 2 の位置を決めれば 3 の位置は自動的に決まる．したがって，このときの自由度は 2 原子分子のときと同じで 5 となる．

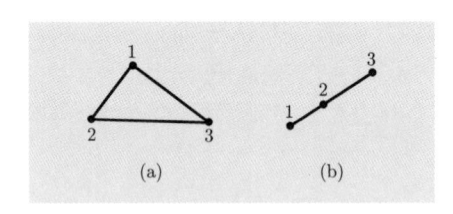

7章の解答

問題 1.1 (a) x は t の関数として $x = A\sin(\omega t + \alpha)$（$A$ は振幅，α は初期位相）と表される．これから運動量 p を計算すると
$$p = m\dot{x} = mA\omega\cos(\omega t + \alpha)$$
と書ける．よって，$\cos^2 x + \sin^2 x = 1$ の関係に注意すると
$$e = \frac{mA^2\omega^2\cos^2(\omega t + \alpha)}{2} + \frac{mA^2\omega^2\sin^2(\omega t + \alpha)}{2}$$
$$= \frac{mA^2\omega^2}{2}$$
が得られ，e は定数となる．e を**振動のエネルギー**という場合がある．

(b) K, U はそれぞれ $K = m\dot{x}^2/2$, $U = m\omega^2 x^2/2$ と書けるから，ラグランジアン L は
$$L = \frac{m\dot{x}^2}{2} - \frac{m\omega^2 x^2}{2}$$
と表される．x と $\dot{x}$ が独立変数であると考え，上式を $\dot{x}$ で偏微分すると一般運動量 p は $p = m\dot{x}$ となり，通常の運動量に対する結果となる．これから $\dot{x}$ は
$$\dot{x} = \frac{p}{m}$$
と表されるので，(7.3) の定義式を用いるとハミルトニアン $H(x, p)$ は
$$H = p\dot{x} - L$$
$$= \frac{p^2}{m} - \frac{p^2}{2m} + \frac{m\omega^2 x^2}{2} = \frac{p^2}{2m} + \frac{m\omega^2 x^2}{2}$$
と計算される．上のハミルトニアンは (a) の力学的エネルギーと一致する．

(c) ハミルトンの正準運動方程式は
$$\dot{x} = \frac{\partial H}{\partial p} = \frac{p}{m}, \quad \dot{p} = -\frac{\partial H}{\partial x} = -m\omega^2 x$$
となる．左式を時間で微分し，右式を代入すれば
$$m\ddot{x} = -m\omega^2 x$$
のニュートンの運動方程式が導かれ，ハミルトニアンの正準運動方程式はニュートンの運動方程式と等価であることがわかる．

問題 1.2 題意により $\boldsymbol{r}_i = \boldsymbol{r}_i(q_1, q_2, \cdots, q_f)$ と書けるので，これを時間で微分し
$$\boldsymbol{v}_i = \dot{\boldsymbol{r}}_i = \sum_j \frac{\partial \boldsymbol{r}_i}{\partial q_j}\dot{q}_j$$
となる．i 番の粒子の質量を m_i とすると系全体の運動エネルギー K は
$$K = \sum_{ijk}\frac{1}{2}m_i\left(\frac{\partial \boldsymbol{r}_i}{\partial q_j}\cdot\frac{\partial \boldsymbol{r}_i}{\partial q_k}\right)\dot{q}_j\dot{q}_k$$
と表される．あるいは

と定義すれば，(7.5) が導かれる．対称性 $a_{jk} = a_{kj}$ は上式から確認される．

$$a_{jk} = \sum_i m_i \left(\frac{\partial \boldsymbol{r}_i}{\partial q_j} \cdot \frac{\partial \boldsymbol{r}_i}{\partial q_k} \right)$$

問題 1.3 ハミルトニアンが $H(q,p)$ と書けると，ハミルトンの正準運動方程式を利用して

$$\frac{dH}{dt} = \sum_j \left(\frac{\partial H}{\partial q_j} \dot{q}_j + \frac{\partial H}{\partial p_j} \dot{p}_j \right) = \sum_j \left(\frac{\partial H}{\partial q_j} \frac{\partial H}{\partial p_j} - \frac{\partial H}{\partial p_j} \frac{\partial H}{\partial q_j} \right) = 0$$

となる．すなわち，$dH/dt = 0$ という結果が得られ，これは H が時間によらない定数であることを示す．

問題 1.4 運動エネルギーは $K = (m/2)\dot{\boldsymbol{r}}^2$，重力の位置エネルギーは $U = mgx$ と書けるから，ラグランジアンは

$$L = \frac{m}{2}(\dot{x}^2 + \dot{y}^2 + \dot{z}^2) - mgx$$

で与えられる．上式から

$$p_x = \frac{\partial L}{\partial \dot{x}} = m\dot{x}$$

となり，同様に $p_y = m\dot{y}$, $p_z = m\dot{z}$ が得られる．したがって，ハミルトニアンは次式のように計算される．

$$H = p_x \dot{x} + p_y \dot{y} + p_z \dot{z} - L$$
$$= \frac{1}{2m}(p_x^2 + p_y^2 + p_z^2) + mgx$$

問題 1.5 $F = F(q_1, q_2, \cdots, q_f, p_1, p_2, \cdots, p_f)$ のとき

$$\frac{dF}{dt} = \sum_j \left(\frac{\partial F}{\partial q_j} \frac{dq_j}{dt} + \frac{\partial F}{\partial p_j} \frac{dp_j}{dt} \right) = \sum_j \left(\frac{\partial F}{\partial q_j} \frac{\partial H}{\partial p_j} - \frac{\partial F}{\partial p_j} \frac{\partial H}{\partial q_j} \right)$$
$$= (F, H)$$

と表される．

問題 2.1 粒子の運動エネルギーを e とすれば

$$e = \frac{p^2}{2m}$$

である．よって

$$p = \pm\sqrt{2me}$$

となる．右図を参照し軌道内の面積 S は

$$S = 2L\sqrt{2me}$$

と計算される．

問題 2.2 i 番目の振動子の座標，運動量を $x^{(i)}, p^{(i)}$ と書き，各振動子の位相空間を組み合わせて

$$x^{(1)}, x^{(2)}, \cdots, x^{(N)}, p^{(1)}, p^{(2)}, \cdots, p^{(N)}$$

という $2N$ 次元の位相空間を導入すればよい．

問題 2.3 (a) 1つの粒子の μ 空間は 6 次元で，$\varGamma$ 空間はこれらを組み合わせた

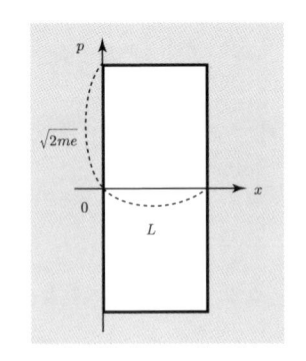

$$\boldsymbol{r}^{(1)}, \boldsymbol{r}^{(2)}, \cdots, \boldsymbol{r}^{(N)}, \boldsymbol{p}^{(1)}, \boldsymbol{p}^{(2)}, \cdots, \boldsymbol{p}^{(N)}$$

という空間を考えればよい.

(b) $6N$ 次元

問題 2.4 軌道が交わるとすれば,その交点から 2 つの運動が可能となり,初期条件を与えれば運動が一義的に決まることに反する.

問題 3.1 例題 3 中の $p(\boldsymbol{r}, \boldsymbol{p})$ を $\boldsymbol{r}$ で積分すると体積 V が現れこれは同式中の分母と消し合う.また

$$e = \frac{p_x^2 + p_y^2 + p_z^2}{2m}$$

に注意し

$$\int_{-\infty}^{\infty} \exp\left(-\frac{\beta p_x^2}{2m}\right) dp_x = (2m\pi k_B T)^{1/2}$$

の関係を使えば題意が示される.

問題 3.2 例題 3 中の $p(\boldsymbol{r}, \boldsymbol{p})$ を $\boldsymbol{r}$ で積分すれば与式が得られる. $\boldsymbol{p} = m\boldsymbol{v}$, $d\boldsymbol{p} = m^3 d\boldsymbol{v}$ を利用すると与式は (6.28) と一致する.

問題 3.3 $e^{-\beta e}$ に

$$e = \frac{\boldsymbol{p}^2}{2m} + U(\boldsymbol{r})$$

を代入すると $p(\boldsymbol{r}, \boldsymbol{p})$ は

$$\exp\left[-\beta\left(\frac{\boldsymbol{p}^2}{2m} + U(\boldsymbol{r})\right)\right]$$

に比例すると期待される.これはマクスウェル–ボルツマン分布の結果でその詳細については 8.3 節で述べる.

問題 4.1 簡単のため,0 と 1 の間にある実数を考えよう.$1/2 = 0.5$, $1/3 = 0.333\cdots$ というように有理数は有限小数,あるいは循環小数として表され,無理数はそれ以外の小数である.いま,0 と 1 の間の実数の集合が加算的で番号がつけられるとし

$$0.\, a_1\, a_2\, a_3\, \cdots \quad ①$$
$$0.\, b_1\, b_2\, b_3\, \cdots \quad ②$$
$$0.\, c_1\, c_2\, c_3\, \cdots \quad ③$$
$$\vdots \qquad\qquad \vdots$$

と表すとしよう.ここで $a_1, b_2, c_3, \cdots$ という対角線部分に注目し,$x_1 \neq a_1$, $y_2 \neq b_2$, $z_3 \neq c_3, \cdots$ とし $0.x_1 y_2 z_3 \cdots$ という実数を考えれば,これらは ①, ②, ③, $\cdots$ とは異なり,よって ①, ②, ③, $\cdots$ の集合には含まれない.0 と 1 の間の実数全体が加算的と仮定すれば,これに含まれない実数が存在することになり矛盾に到達する.この議論は他の領域の実数にも適用され,結局実数全体の集合は加算的でないことがわかる.

問題 4.2 ある瞬間から周期 T だけ時間が経過するとすべての振動子はもとの状態に戻る.それ以後は同じ運動を繰り返し,ちょうどワイルの玉突きの図 (a), (b) と同じ挙動となる.このため,エルゴード仮説は成り立たない.

8章の解答

問題 1.1 Γ 空間内における体積要素 $d\Gamma$ は $d\Gamma = dx^{(1)} dp^{(1)} \cdots dx^{(N)} dp^{(N)}$ と表され, $dx^{(1)} dp^{(1)} = a, \cdots, dx^{(N)} dp^{(N)} = a$ であるから $d\Gamma = a^N$ となる.

問題 1.2 可能な配置数は
$$\frac{4!}{2!\,2!} = 6$$
であるから, 6通りとなる.

問題 1.3 4個の振動子の運動を記述する Γ 空間は8次元である. 全体のエネルギーが E と $E + \Delta E$ との間にある領域は右図のような超曲面で記述されるとする. μ 空間の分割に対応して Γ 空間も分割されるが, これは図のように体積 a^4 の小領域の集まりとして表現される. 問題1.2で求めた6通りの配置は図の斜線のように6個の小領域で表される.

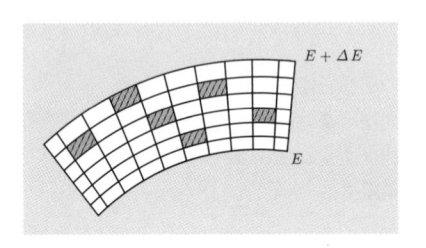

問題 2.1 (8.5)（p.82）で δn_i の1次までを考慮すると
$$\ln(n_i + \delta n_i) = \ln\left[n_i\left(1 + \frac{\delta n_i}{n_i}\right)\right] = \ln n_i + \ln\left(1 + \frac{\delta n_i}{n_i}\right) = \ln n_i + \frac{\delta n_i}{n_i}$$
となるので
$$\delta(\ln W) = -\sum_i (n_i + \delta n_i)\left(\ln n_i + \frac{\delta n_i}{n_i}\right) + \sum_i n_i \ln n_i$$
と書ける. 再び δn_i の1次までを考慮すれば (8.6) が導かれる.

問題 2.2 (a) $y = a - x$ を f の式に代入すると, f は
$$f = x^2 + (a - x)^2 = 2x^2 - 2ax + a^2$$
と書ける. f を x で微分すると
$$\frac{df}{dx} = 4x - 2a$$
で, 上式を0とおき $x = a/2$ が得られる. また, $x + y = a$ の条件から $y = a/2$ となる. すなわち, 極値を与える x, y は $x = y = a/2$ であることがわかる. 実際は, そこで f は最小となる.

(b) 与えられた条件は $x + y - a = 0$ と書けるが, これにラグランジュの未定乗数 λ を掛け $f(x, y)$ に加えると
$$x^2 + y^2 + \lambda(x + y - a)$$
である. 極値を求めるため, 上式を x, y で偏微分しそれらを0とおくと
$$2x + \lambda = 0, \quad 2y + \lambda = 0$$
すなわち, $x = y = -\lambda/2$ となる. λ を決めるため, これを $x + y = a$ に代入すると $\lambda = -a$

8章の解答

が得られ，したがって極値を与える x, y は $x = y = a/2$ と求まり (a) で導いた結果と一致する．

問題 2.3 問題 2.1 で $(\delta n_i)^2$ の程度まで計算すると
$$\ln(n_i + \delta n_i) = \ln n_i + \frac{\delta n_i}{n_i} - \frac{(\delta n_i)^2}{2n_i^2} + \cdots$$
となる．上式を使うと
$$\delta(\ln W) = -\sum_i \ln n_i \delta n_i - \sum_i \frac{(\delta n_i)^2}{2n_i} + \mathrm{O}(\delta n_i)^3$$
が得られる．ここで $\mathrm{O}(\delta n_i)^3$ は $(\delta n_i)^3$ の程度の項を示す．右辺第 1 項は (8.8) (p.82) により 0 である．また第 2 項は負となり，その結果，変分を与えたとき $\delta(\ln W)$ は負であることがわかる．これは熱平衡状態において $\ln W$ が極大であることを意味する．熱平衡を与える n_i は一義的に決まり，この極大点で $\ln W$ は最大となる．

問題 2.4 スターリングの公式を適用すると
$$\ln 20! \simeq 20(\ln 20 - 1) = 39.91$$
となる．これと厳密な値との違いは
$$\frac{42.34 - 39.91}{42.34} = 0.057$$
と表され，誤差は 5.7 ％程度である．

問題 3.1
$$n_i = \frac{N \exp(-\beta e_i)}{f}$$
を $\sum_i n_i = N$, $\sum_i e_i n_i = E$ に代入すると
$$f = \sum_i \exp(-\beta e_i), \quad E = \frac{N}{f} \sum_i e_i \exp(-\beta e_i)$$
が得られる．

問題 3.2 例題 3 で求めた $p(\boldsymbol{r}, \boldsymbol{p}) d\boldsymbol{r} d\boldsymbol{p}$ に N を掛けると $\boldsymbol{r} \sim \boldsymbol{r} + d\boldsymbol{r}$, $\boldsymbol{p} \sim \boldsymbol{p} + d\boldsymbol{p}$ という範囲内の粒子数に等しくなる．このため $\boldsymbol{r}$ という場所での数密度を $\rho(\boldsymbol{r})$ とすれば
$$\rho(\boldsymbol{r}) d\boldsymbol{r} = N d\boldsymbol{r} \int p(\boldsymbol{r}, \boldsymbol{p}) d\boldsymbol{p}$$
と書ける．これから
$$\rho(\boldsymbol{r}) = N \int p(\boldsymbol{r}, \boldsymbol{p}) d\boldsymbol{p}$$
となる．$\boldsymbol{p}$ での積分は全運動量空間で行われ，ハミルトニアンが $H = \boldsymbol{p}^2/2m + U(\boldsymbol{r})$ の場合には
$$\rho(\boldsymbol{r}) = A e^{-\beta U(\boldsymbol{r})}$$
と表される．ただし，A は温度に依存する定数である．

問題 3.3 気体分子の質量を m，重力加速度を g とすれば $U(\boldsymbol{r}) = mgz$ と書ける．したがって，$\rho(\boldsymbol{r})$ は z だけの関数でこれを $\rho(z)$ とすれば
$$\rho(z) = A e^{-mg\beta z}$$

が成り立つ．定数 A は分子数が N という条件から決まる．すなわち

$$N = SA \int_0^L e^{-mg\beta z} dz = \frac{SA}{mg\beta} \left[-e^{-mg\beta z} \right]_0^L$$
$$= \frac{SA}{mg\beta}(1 - e^{-mg\beta L})$$

と書け，A は

$$A = \frac{Nmg\beta}{S(1 - e^{-mg\beta L})}$$

と求まる．よって次式が得られる．

$$\rho(z) = \frac{Nmg\beta e^{-mg\beta z}}{S(1 - e^{-mg\beta L})}$$

問題 4.1 A系が N_A 個，B系が N_B 個の粒子から成り立ち，A系で $e_1, e_2, \cdots$ の状態にある粒子の数を $n_1, n_2, \cdots$，B系で $e_1', e_2', \cdots$ の状態にある粒子の数を $n_1', n_2', \cdots$ とする．また，系全体のエネルギーを E とすれば

$$\sum_i n_i = N_A, \quad \sum_j n_j' = N_B, \quad \sum_i e_i n_i + \sum_j e_j' n_j' = E$$

が成り立つ．A系での配置数 W_A，B系での配置数 W_B は

$$W_A = \frac{N_A!}{n_1! n_2! \cdots}, \quad W_B = \frac{N_B!}{n_1'! n_2'! \cdots}$$

で与えられる．A系での配置とB系での配置は互いに独立であるから，全体の配置数 W は W_A と W_B の積で $W = W_A W_B$ となる．これから

$$\ln W = \ln W_A + \ln W_B$$

と書け，$\ln W$ を最大にする分布を求めると，(8.8) (p.82) を導いたのと同様な方法で

$$\sum_i \ln n_i \delta n_i + \sum_j \ln n_j' \delta n_j' = 0$$

が得られる．$\delta n_i, \delta n_j'$ に対する条件として

$$\sum_i \delta n_i = 0, \quad \sum_j \delta n_j' = 0, \quad \sum_i e_i \delta n_i + \sum_j e_j' \delta n_j' = 0$$

が成り立つ．ラグランジュの未定乗数法を利用すると

$$\sum_i (\ln n_i + \alpha + \beta e_i) \delta n_i + \sum_j (\ln n_j' + \alpha' + \beta e_j') \delta n_j' = 0$$

となる．上式で $\delta n_i, \delta n_j'$ の係数を 0 とおき

$$\ln n_i + \alpha + \beta e_i = 0, \quad \ln n_j' + \alpha' + \beta e_j = 0$$

が得られ，よって

$$n_i = \frac{N_A}{f_A} \exp(-\beta e_i), \quad n_j' = \frac{N_B}{f_B} \exp(-\beta e_j')$$

が導かれる．ただし，f_A, f_B は

$$f_A = \sum_i \exp(-\beta e_i), \quad f_B = \sum_j \exp(-\beta e_j')$$

で定義される．このように A, B 両体系が自由にエネルギーを交換するとき，最大確率の分布

で β は両者に共通となる．一方，熱力学によると，2 つの体系がエネルギーを交換するとき，熱平衡状態で両者の温度が等しくなり，このような考察から β は熱力学の温度に相当していることがわかる．

問題 4.2 統計力学の立場に立って内部エネルギーを E と書き，温度だけを変化させたとすればギブス-ヘルムホルツの式により

$$d\left(\frac{F}{T}\right) = -\frac{EdT}{T^2}$$

が成り立つ．あるいは，

$$d\beta = -\frac{1}{k_B T^2} dT$$

を使えば

$$d\left(\frac{F}{k_B T}\right) = E d\beta$$

となる．ここで $E = \sum_i e_i n_i + \sum_j e_j' n_j'$ と書けるから，これに前問で求めた n_i, n_j' を代入すると

$$E d\beta = \left(\frac{N_A}{f_A} \sum_i e_i \exp(-\beta e_i) + \frac{N_B}{f_B} \sum_j e_j' \exp(-\beta e_j')\right) d\beta$$
$$= -d(N_A \ln f_A + N_B \ln f_B)$$

が得られ，上式とギブス-ヘルムホルツの式を比べると

$$F = -k_B T(N_A \ln f_A + N_B \ln f_B)$$

が導かれる．1 種類の分子の場合，上式は (8.22)（p.87）に帰着する．一方

$$\ln W = N_A \ln N_A - \sum_i n_i \ln n_i + N_B \ln N_B - \sum_j n_j' \ln n_j'$$
$$= N_A \ln N_A - \sum_i n_i (\ln N_A - \beta e_i - \ln f_A)$$
$$\quad + N_B \ln N_B - \sum_j n_j' (\ln N_B - \beta e_j' - \ln f_B)$$
$$= \beta \left(\sum_i e_i n_i + \sum_j e_j' n_j'\right) + N_A \ln f_A + N_B \ln f_B$$
$$= \frac{E - F}{k_B T} = \frac{S}{k_B}$$

となって，ボルツマンの原理が成立する．

問題 4.3 定積熱容量 C_V は，内部エネルギーを U として $C_V = (\partial U/\partial T)_V$ で与えられる．よって，$U = -N \partial \ln f / \partial \beta$ および $\beta = 1/k_B T$ の関係を利用し，C_V は

$$C_V = -N \left(\frac{\partial^2 \ln f}{\partial \beta^2}\right)_V \frac{\partial \beta}{\partial T} = \frac{N}{k_B T^2} \left(\frac{\partial^2 \ln f}{\partial \beta^2}\right)_V$$

と表される．

9章の解答

問題 1.1 (9.2) 中の例えば p_x に関する積分は
$$\int_{-\infty}^{\infty} \exp\left(-\frac{p_x^2}{2mk_BT}\right) dp_x$$
と表される．p.63 のガウス積分 (6.15) で積分変数は x だが，上式では p_x となっている．この点に注意すると上式は
$$(2\pi m k_B T)^{1/2}$$
となる．p_y, p_z に関する積分も同じなので，上の結果を 3 乗し (9.3) が得られる．

問題 1.2 (9.8) の ln 中の積分は
$$\int \exp\left(-\beta \frac{p_x^2 + p_y^2 + p_z^2}{2m}\right) dp_x dp_y dp_z$$
と書け，これは前問で求めた積分と本質的に同じで $(2\pi m/\beta)^{3/2}$ となる．(9.8) を利用すると
$$\langle e \rangle = -\frac{\partial}{\partial \beta} \ln\left(\frac{2\pi m}{\beta}\right)^{3/2} = \frac{3}{2}\frac{\partial}{\partial \beta}\ln\beta = \frac{3}{2\beta}$$
となり，$\beta = 1/k_B T$ に注意すれば (9.9) が導かれる．

問題 1.3 (9.7) と同様
$$\left\langle \frac{p_x^2}{2m} \right\rangle = \frac{\int \frac{p_x^2}{2m} \exp(-\beta e) d\boldsymbol{r} d\boldsymbol{p}}{\int \exp(-\beta e) d\boldsymbol{r} d\boldsymbol{p}}$$
と書ける．p_x 以外の積分は，分母，分子で打ち消しあうので，上式は次のように計算される．
$$\left\langle \frac{p_x^2}{2m} \right\rangle = -\frac{\partial}{\partial \beta} \ln\left[\int_{-\infty}^{\infty} \exp\left(-\beta \frac{p_x^2}{2m}\right) dp_x\right]$$
$$= -\frac{\partial}{\partial \beta} \ln\left(\frac{2\pi m}{\beta}\right)^{1/2} = \frac{1}{2}\frac{\partial}{\partial \beta}\ln\beta$$
$$= \frac{1}{2\beta} = \frac{k_B T}{2}$$

問題 1.4 n モルの場合，モル分子数を N_A とすれば
$$N = N_A n$$
が成り立つ．$R = N_A k_B$ の関係を使うと例題 1 の結果から F は
$$F = -nRT\left[\ln V + \frac{3}{2}\ln(2\pi m k_B T) - \ln N + 1 - \ln a\right]$$
と表される．エントロピー S は熱力学の関係により
$$S = -\left(\frac{\partial F}{\partial T}\right)_V$$

と書けるので
$$S = nR\ln V + \frac{3}{2}nR\ln T + nR\left(\frac{3}{2}\ln(2\pi m k_B) - \ln N + \frac{5}{2} - \ln a\right)$$
と計算される．定積モル比熱が $C_V = 3R/2$ であることに注意し，上式右辺の第3項を S_0 とすれば上式は問題5.4の結果 (p.143) と一致する．

問題 2.1 ガウス積分 (6.15) (p.63)
$$\int_{-\infty}^{\infty} dx \exp(-\alpha x^2) = \left(\frac{\pi}{\alpha}\right)^{1/2} \quad (\alpha > 0)$$
の関係で $\alpha = 1/2\sigma^2$ とおけば
$$\int_{-\infty}^{\infty} dx \exp\left(-\frac{x^2}{2\sigma^2}\right) = \sqrt{2\pi}\,\sigma$$
が得られ $g(x)$ の規格化されていることがわかる．ガウスの積分の自然対数をとり α で微分すると
$$\langle x^2 \rangle = \frac{1}{2\alpha}$$
となり，$\alpha = 1/2\sigma^2$ を代入し $\langle x^2 \rangle = \sigma^2$ が導かれる．

問題 2.2 座標が $x \sim x + dx$ の間に入る確率 $g(x)dx$ は
$$g(x)dx = \frac{\int \exp\left[-\beta\left(\frac{p^2}{2m} + \frac{m\omega^2 x^2}{2}\right)\right]dp}{\int \exp\left[-\beta\left(\frac{p^2}{2m} + \frac{m\omega^2 x^2}{2}\right)\right]dxdp}dx$$
と表される．p に関する積分は分母，分子で消え，また分母の x に関する積分は
$$\int_{-\infty}^{\infty} \exp\left(-\beta\frac{m\omega^2 x^2}{2}\right)dx = \left(\frac{2\pi}{\beta m\omega^2}\right)^{1/2}$$
と計算される．こうして $g(x)dx$ は
$$g(x)dx = \left(\frac{\beta m\omega^2}{2\pi}\right)^{1/2}\exp\left(-\frac{\beta m\omega^2 x^2}{2}\right)dx$$
が得られる．上の結果はガウス分布で，その分散は $\sigma^2 = 1/\beta m\omega^2$ と書ける．

問題 3.1 銅の定積モル比熱は
$$C_V = 0.397 \times 63.5\,\text{J}\cdot\text{mol}^{-1}\cdot\text{K}^{-1} = 25.2\,\text{J}\cdot\text{mol}^{-1}\cdot\text{K}^{-1}$$
と表される．一方，デュロン–プティの法則によると
$$C_V = 3R = 24.9\,\text{J}\cdot\text{mol}^{-1}\cdot\text{K}^{-1}$$
でその誤差は1％程度である．

問題 3.2 1つの振動子のエネルギーの平均値は $k_B T$ でこれは振動数と無関係である．内部エネルギーは $k_B T$ と振動の自由度の数 $3N$ の積で振動数分布と無関係に (9.16) が成立する．

問題 3.3 ある温度における (9.17) の平均値を考慮すると零点エネルギーは $\sum h\nu/2$ と表される．これは温度とは無関係で定積モル比熱には寄与しない．

問題 3.4　$T \gg \Theta_E$ の場合には $x = \Theta_E/T \ll 1$ が成り立つので例題 3 中の (3) により
$$\langle e_n \rangle \simeq \frac{h\nu}{\beta h\nu} = \frac{1}{\beta} = k_B T$$
となる．逆に $T \ll \Theta_E$ のときには例題 3 により
$$C_V \simeq 3R \left(\frac{\Theta_E}{T}\right)^2 \exp\left(-\frac{\Theta_E}{T}\right)$$
というように，$T \to 0$ の場合，C_V は指数関数的に減少する．観測値は低温では $C_V \propto T^3$ と表されこれを**デバイ T^3 法則**という．格子振動の長波長の振動を音波で記述するとこのような温度依存性が理解できる．

問題 4.1　図のように，質点系の重心を G とし，G からみた質点 A，B の位置ベクトルをそれぞれ $\mathbf{r}_1, \mathbf{r}_2$ とする．G, A, B の位置ベクトルを $\mathbf{r}_G, \mathbf{r}_A, \mathbf{r}_B$ とすれば
$$\mathbf{r}_A = \mathbf{r}_G + \mathbf{r}_1, \quad \mathbf{r}_B = \mathbf{r}_G + \mathbf{r}_2$$
と書け，また G が重心という条件から
$$m_A \mathbf{r}_1 + m_B \mathbf{r}_2 = 0 \qquad (1)$$
が成り立つ．質点系の全運動エネルギーは
$$K = \frac{m_A}{2}(\dot{\mathbf{r}}_G + \dot{\mathbf{r}}_1)^2 + \frac{m_B}{2}(\dot{\mathbf{r}}_G + \dot{\mathbf{r}}_2)^2 \qquad (2)$$
と表されるが，(1) の条件のため
$$m_A \dot{\mathbf{r}}_1 + m_B \dot{\mathbf{r}}_2 = 0$$
となり，これを利用し
$$K = \frac{m_A + m_B}{2}\dot{\mathbf{r}}_G^2 + \frac{m_A}{2}\dot{\mathbf{r}}_1^2 + \frac{m_B}{2}\dot{\mathbf{r}}_2^2$$
が得られる．上式右辺の第 1 項は全質量が重心に集中したと考えたときの重心の運動エネルギー，第 2, 3 項は重心のまわりの回転エネルギーを表す．

問題 4.2　分配関数 f は
$$f = \sum \exp(-\beta e) = \sum \exp(-\beta e_G) \sum \exp(-\beta e_r)$$
と表される．ここで $\sum$ は可能な状態に関する和を意味する．上式から
$$f = f_G f_r \quad \therefore \quad \ln f = \ln f_G + \ln f_r$$
となる．エネルギーの平均値は $\langle e \rangle = -\partial \ln f/\partial \beta$ などと表されるので
$$\langle e \rangle = \langle e_G \rangle + \langle e_r \rangle$$
が成り立つ．

問題 5.1　気体定数 R は $R = 8.3145\,\mathrm{J \cdot mol^{-1} \cdot K^{-1}}$ と書けるので 2 原子分子の理想気体の定積モル比熱の理論値は (9.30) (p.100) により
$$C_V = \frac{5}{2}R = 20.79\,\mathrm{J \cdot mol^{-1} \cdot K^{-1}}$$
と計算される．実験値と比べその誤差は 0.6% 程度である．

問題 5.2 (a) 2原子分子の質量を m, 重心の運動量を $\bm{p}$ とすれば, (9.24) (p.98) の回転エネルギーを考慮し, 分子のエネルギーは

$$e = \frac{\bm{p}^2}{2m} + \frac{1}{2I}\left(p_\theta^2 + \frac{p_\varphi^2}{\sin^2\theta}\right)$$

と表される. 重心の位置ベクトルを $\bm{r}$ とすれば, μ 空間は $\bm{r}, \bm{p}, \theta, \varphi, p_\theta, p_\varphi$ の 10 次元空間である. この空間を体積 a の細胞に分割すれば, 分配関数は次のようになる.

$$\begin{aligned}
f &= \frac{V}{a}\int d\bm{p}\exp\left(-\frac{\beta\bm{p}^2}{2m}\right)\int\exp\left[-\frac{\beta}{2I}\left(p_\theta^2 + \frac{p_\varphi^2}{\sin^2\theta}\right)\right]d\theta d\varphi dp_\theta dp_\varphi \\
&= \frac{V}{a}\left(\frac{2m\pi}{\beta}\right)^{3/2}\int d\varphi d\theta\left(\frac{2I\pi}{\beta}\right)^{1/2}\left(\frac{2I\pi\sin^2\theta}{\beta}\right)^{1/2} \\
&= \frac{V}{a}\left(\frac{2m\pi}{\beta}\right)^{3/2}\left(\frac{2I\pi}{\beta}\right)\int_0^{2\pi}d\varphi\int_0^\pi \sin\theta d\theta \\
&= \frac{V}{a}\frac{8\pi^2(2\pi m)^{3/2}I}{\beta^{5/2}} \\
&= V(k_{\rm B}T)^{5/2}\frac{8\pi^2(2\pi m)^{3/2}I}{a}
\end{aligned}$$

(b) ヘルムホルツの自由エネルギー F は次のように求まる.

$$\begin{aligned}
F &= -k_{\rm B}T\ln\frac{f^N}{N!} \\
&= -Nk_{\rm B}T\left[\ln V + \frac{5}{2}\ln(k_{\rm B}T) - \ln N + 1 + \ln\frac{8\pi^2(2\pi m)^{3/2}I}{a}\right]
\end{aligned}$$

問題 5.3 問題 5.4 で示すように 2 原子分子の理想気体でも状態方程式 $pV = nRT$ が成り立つ. したがって, (4.9) (p.36) のマイヤーの関係がこの場合にも成立し C_p の理論値は

$$C_p = \frac{7R}{2}$$

と表される. 問題 5.1 の R の値を使うと C_p の理論値は

$$C_p = 29.10\,{\rm J\cdot mol^{-1}\cdot K^{-1}}$$

と計算され実験値との誤差は 1.2 % である. 一方, γ の理論値は $\gamma = 7/5 = 1.4$ で実験値との誤差は 0.7 % 程度である.

問題 5.4 問題 5.2 からわかるように, 2 原子分子の理想気体のヘルムホルツの自由エネルギー F は

$$F = -Nk_{\rm B}T(\ln V + A)$$

という形に書け A は体積に依存しない. したがって, 圧力 p は

$$p = -\left(\frac{\partial F}{\partial V}\right)_T = \frac{Nk_{\rm B}T}{V}$$

と書け, $Nk_{\rm B} = nR$ に注意すれば題意が得られる.

問題 6.1 ある点からみた粒子の位置ベクトルを r, その運動量を p とするとき $l = r \times p$ で定義される l をその点のまわりの**軌道角運動量**という. 軌道角運動量 l をもつ質量 m, 電荷 q の荷電粒子は磁気モーメント μ をもち

$$\mu = \frac{ql}{2m}$$

と表される. 量子力学では粒子の自転に相当する角運動量が現れこれを**スピン**という. 陽子, 中性子, 電子, ニュートリノなどのスピン S は

$$S = \frac{\hbar}{2}\sigma$$

と表され, パウリ行列は

$$\sigma_x = \begin{bmatrix} 0 & 1 \\ 1 & 0 \end{bmatrix}, \quad \sigma_y = \begin{bmatrix} 0 & -i \\ i & 0 \end{bmatrix}, \quad \sigma_z = \begin{bmatrix} 1 & 0 \\ 0 & -1 \end{bmatrix}$$

と書ける. σ_x, σ_y を無視し, σ_z だけを考えると σ_z の固有値は 1 あるいは -1 でこれはイジング・スピンに対応する. 電子の場合, スピン S に伴う磁気モーメントは, 電子の電荷を $-e$ として

$$\mu = -\frac{ge}{2m}S$$

となる. g を **g 因子**といい, ディラックの理論によると $g = 2$ である.

問題 6.2 μ_z の平均値は

$$\langle \mu_z \rangle = \mu \frac{e^{\beta\mu B} - e^{-\beta\mu B}}{2\,\mathrm{ch}\,(\beta\mu B)}$$

$$= \mu \frac{\mathrm{sh}\,(\beta\mu B)}{\mathrm{ch}\,(\beta\mu B)}$$

$$= \mu\,\mathrm{th}\,(\beta\mu B)$$

と計算され, 上式を $\beta\mu B$ の関数として図示すると下図のようになる.

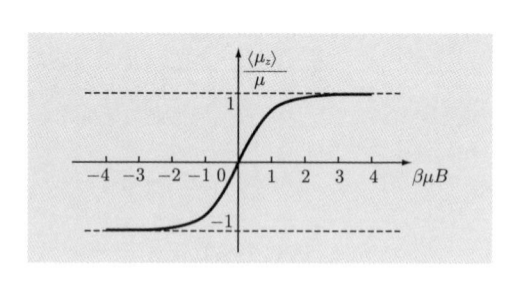

10章の解答

問題 1.1 p.105 の (1), (2) から
$$\ln W = M \ln M - \sum M_i \ln M_i$$
となる.
$$p_i = \frac{M_i}{M} = \frac{\exp(-\beta E_i)}{Z}$$
から導かれる $\ln M_i = \ln M - \ln Z - \beta E_i$ を $\ln W$ に対する上式に代入すると
$$\ln W = M \ln Z + \beta \sum E_i M_i$$
が得られる. $\sum E_i M_i$ は集団全体のエネルギーで $M\langle E \rangle$ に等しい. よって
$$\frac{\ln W}{M} = \ln Z + \beta \langle E \rangle = \frac{-F + \langle E \rangle}{k_\mathrm{B} T} = \frac{S}{k_\mathrm{B}}$$
となり, 正準集団におけるボルツマンの原理は次式のように書けることがわかる.
$$S = \frac{k_\mathrm{B} \ln W}{M}$$

問題 1.2 熱平衡で S は最大となるが, W を最大にすることはこのような物理的な事情に対応している. この状況は 8.4 節と同じである.

問題 1.3 $\varGamma$ 空間中の微小体積を a で割ればその体積に含まれる細胞の数となる. したがって, 細胞に関する和を $\varGamma$ 空間中の積分で表し Z は次式のようになる.
$$Z = \frac{1}{a} \int \exp(-\beta E) dq_1 \cdots dq_f dp_1 \cdots dp_f$$

問題 2.1 例題 2 で求めた Z からヘルムホルツの自由エネルギー F を求めると
$$F = -k_\mathrm{B} T \ln \frac{V^N (2\pi m k_\mathrm{B} T)^{3N/2}}{N! h^{3N}}$$
となり, (9.4) の a を h^3 にした結果と一致する.

問題 2.2 ヘルムホルツの自由エネルギー F は $F = -k_\mathrm{B} T \ln Z$, 圧力 p は $p = -(\partial F/\partial V)_T$ の関係で与えられるから, 両式より次のようになる.
$$p = k_\mathrm{B} T \left(\frac{\partial \ln Z}{\partial V} \right)_T$$

問題 3.1 図のように $r < a$ で $v(r) = \infty$ であるから, 2 分子間の距離は a より小さくなれない. したがって, 与えられたポテンシャルは直径 (半径ではない!) a の剛体球を表している. 一般に
$$f(r) = e^{-\beta v(r)} - 1$$
であるから, 剛体球ポテンシャルでは $r < a$ で $f(r) = -1$, $r > a$ で $f(r) = 0$ となる. よって, (10.16) (p.109) により, B は次のように計算される.

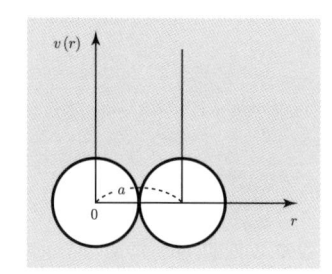

$$B = 2\pi \int_0^a r^2 dr = \frac{2\pi a^3}{3}$$

問題 3.2 前問で求めた B を (10.13) に代入すると ρ の程度まで考え

$$\frac{pV}{Nk_{\mathrm{B}}T} = 1 + \frac{2\pi a^3}{3}\rho$$

が得られる．標準状態で 1 モルの気体は $22.4\,l = 22.4 \times 10^{-3}\,\mathrm{m}^3$ の体積を占め，その中に 6.02×10^{23} 個の分子が含まれている．よって，数密度 ρ は $\rho = 2.69 \times 10^{25}\,\mathrm{m}^{-3}$ となる．また，$a = 2 \times 10^{-10}\,\mathrm{m}$ としたので $2\pi a^3 \rho / 3$ は 4.5×10^{-4} と計算され，上式からわかるように理想気体に対する補正項は $0.05\,\%$ の程度である．これから常温，常圧における気体は理想気体で精度よく記述されることが判明する．

問題 4.1 $e^{Ks_i s_{i+1}}$ を $Ks_i s_{i+1}$ のべき級数で展開すると

$$e^{Ks_i s_{i+1}} = 1 + Ks_i s_{i+1} + \frac{K^2}{2!}(s_i s_{i+1})^2 + \frac{K^3}{3!}(s_i s_{i+1})^3 + \cdots$$

と表される．$s_i^2 = 1$ などの関係を利用すると

$$\begin{aligned} e^{Ks_i s_{i+1}} &= \left(1 + \frac{K^2}{2!} + \frac{K^4}{4!} + \cdots\right) + s_i s_{i+1}\left(K + \frac{K^3}{3!} + \cdots\right) \\ &= \mathrm{ch}\,K + s_i s_{i+1}\,\mathrm{sh}\,K \end{aligned}$$

が得られる．$s_i s_{i+1} = \pm 1$ で上式は

$$e^K = \mathrm{ch}\,K + \mathrm{sh}\,K, \quad e^{-K} = \mathrm{ch}\,K - \mathrm{sh}\,K$$

を意味している．上の関係を利用すると，分配関数 Z は

$$Z = \sum_{s_1 \cdots s_N} (\mathrm{ch}\,K + s_1 s_2\,\mathrm{sh}\,K)(\mathrm{ch}\,K + s_2 s_3\,\mathrm{sh}\,K) \cdots (\mathrm{ch}\,K + s_n s_1\,\mathrm{sh}\,K)$$

と表される．これを計算するため，右辺を $\mathrm{sh}\,K$ で展開し例えば，$s_1 s_2, s_4 s_5$ の項を表すのに右図 (a) のように 12 間，45 間のボンドに太線を引く．次の関係

$$\sum_s s = 0$$

に注意すれば，このような項の寄与は 0 であることがわかる．同様に，右図 (b) のように $s_1 s_2, s_2 s_3$ に相当する項は $s_1 s_2^2 s_3$ をもたらし，この項も 0 となる．こうして 0 とならないのはすべてのボンドが太線になっているときで，この場合には

$$s_1^2 s_2^2 \cdots s_N^2 = 1$$

となり，Z は

$$\begin{aligned} Z &= \sum_{s_1 \cdots s_N} (\mathrm{ch}^N K + \mathrm{sh}^N K) \\ &= 2^N (\mathrm{ch}^N K + \mathrm{sh}^N K) \end{aligned}$$

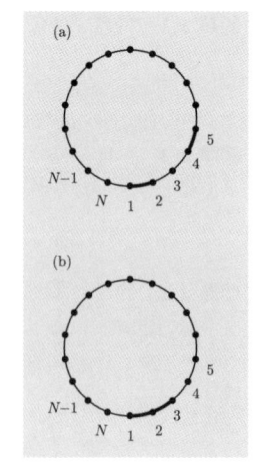

と計算される．上式は $2^N \mathrm{ch}^N K(1 + \mathrm{th}^N K)$ に等しく $\mathrm{th}\,K < 1$ であるから $N \to \infty$ の極限で $Z \simeq 2^N \mathrm{ch}^N K$ となる．すなわち

$$\ln Z = N \ln 2 + N \ln(\mathrm{ch}\,K)$$

で $\ln(\operatorname{ch} K)$ は T の関数として正則であるから熱力学関数が特異的になることはない. すなわち, 1 次元イジング模型では相転移は起こらない.

問題 4.2 前問の結果を使えば, エネルギーの平均値 $\langle E \rangle$ は次のように計算される.
$$\langle E \rangle = -\frac{\partial \ln Z}{\partial \beta} = -N \frac{\operatorname{sh} K}{\operatorname{ch} K} \frac{\partial K}{\partial \beta} = -NJ \operatorname{th} K$$

問題 4.3 (a) (10.18) (p.111) から
$$\langle (s_1 + s_2 + \cdots + s_N) \rangle = \frac{\partial \ln Z}{\partial C}$$
となる. すべてのスピンは同等で, また $\mu_z = \mu s$ と書けるから
$$\langle \mu_z \rangle = \frac{\mu}{N} \frac{\partial \ln Z}{\partial C} = \mu \frac{\partial \ln \lambda_1}{\partial C} = \mu \frac{1}{\lambda_1} \frac{\partial \lambda_1}{\partial C} \tag{1}$$
が成り立つ. 例題 4 の結果すなわち $\lambda_1 = e^K \operatorname{ch} C + \sqrt{e^{2K} \operatorname{sh}^2 C + e^{-2K}}$ を使うと
$$\frac{\partial \lambda_1}{\partial C} = e^K \operatorname{sh} C + \frac{e^{2K} \operatorname{sh} C \operatorname{ch} C}{\sqrt{e^{2K} \operatorname{sh}^2 C + e^{-2K}}}$$
$$= \frac{\operatorname{sh} C \left[e^K \sqrt{e^{2K} \operatorname{sh}^2 C + e^{-2K}} + e^{2K} \operatorname{ch} C \right]}{\sqrt{e^{2K} \operatorname{sh}^2 C + e^{-2K}}} = \frac{\operatorname{sh} C e^K \lambda_1}{\sqrt{e^{2K} \operatorname{sh}^2 C + e^{-2K}}}$$
となる. よって, (1) により
$$\langle \mu_z \rangle = \frac{\mu \operatorname{sh} C e^K}{\sqrt{e^{2K} \operatorname{sh}^2 C + e^{-2K}}} \tag{2}$$
が得られる. (2) で $C = 0$ とおけば $\langle \mu_z \rangle = 0$ となる. これからわかるように, 1 次元イジング模型では有限温度で自発磁化が発生しない. また, スピン間に相互作用がないとき ($K = 0$ のとき), (2) は $\langle \mu_z \rangle = \mu \operatorname{th}(\beta \mu B)$ となり第 9 章の問題 6.2 の結果 (p.162) と一致する.

(b) (2) を B の 1 次まで考えると, $C = \beta \mu B$ であることを利用し $\langle \mu_z \rangle = \mu^2 \beta e^{2K} B$ となる. すなわち, 磁化率 χ は次のように表される.
$$\chi = \frac{\mu^2 e^{2K}}{k_B T}$$

問題 5.1 1 成分系の場合には $(N) \to N$, $\lambda_1 \to \lambda$ として
$$p_{N,i} = \frac{\lambda^N \exp(-\beta E_{N,i})}{Z_G}, \quad Z_G = \sum \lambda^N \exp(-\beta E_{N,i})$$
が得られる. これらは (10.26), (10.27) と一致する.

問題 5.2 例題 5 の結果を利用すると次式のようになる.
$$\langle N_j \rangle = \sum N_j p_{(N),i} = \frac{1}{Z_G} \sum N_j \lambda_1^{N_1} \lambda_2^{N_2} \cdots \lambda_n^{N_n} \exp(-\beta E_{(N),i})$$
$$= \lambda_j \frac{\partial \ln Z_G}{\partial \lambda_j}$$

問題 6.1 (10.26), (10.27) で $E_{N,i}$ を単に E と書き, i の状態は E で代表されるとする. 1 成分系のとき成り立つ $\lambda = e^{\beta \mu}$ の関係を (10.26) に代入すると

$$p_{N,E} = \frac{\exp[\beta(\mu N - E)]}{\sum \exp[\beta(\mu N - E)]}$$

となる．$p_{N,E}$ は 1 つの体系が温度 T の熱源と接していてしかも化学ポテンシャル μ の粒子の供給源と粒子の交換をするとき，粒子数が N になりエネルギーが E の状態を占めるような確率を表す．大正準集団では各体系の間で自由に粒子が交換される．このため，1 つの体系に注目すると他の体系は粒子の供給源となる．また，大分配関数は (10.27) により

$$Z_G = \sum \exp[\beta(\mu N - E)]$$

と表される．上式の $\sum$ は粒子数およびすべての可能な状態に関する和を意味する．

問題 6.2 1 成分系の (10.28)（p.116）に対する式で β を一定にすれば

$$\frac{\langle N \rangle}{\lambda} = \left(\frac{\partial \ln Z_G}{\partial \lambda}\right)_\beta$$

となることに注目する．(10.28) は体積一定の場合に成り立つこと，β は基本的に温度である点に注意すれば，正確には

$$\langle N \rangle = \left(\lambda \frac{\partial \ln Z_G}{\partial \lambda}\right)_{T,V}$$

が得られる．$\ln Z_G$ は一般に T, V, λ の関数であるから，(10.32)（p.116）は

$$\frac{pV}{k_B T} = F(T, V, \lambda)$$

という間接的な状態方程式を与える．$\langle N \rangle$ に対する式を利用すると，λ は $T, V, \langle N \rangle$ の関数となり，これを $pV/k_B T = F(T, V, \lambda)$ に代入すれば通常の意味での状態方程式が求まる．

問題 6.3 Ω の定義式から $\Omega = -(1/\beta) \ln Z_G$ と書け，(10.32) によって $\Omega = -pV$ が得られる．これは 1 成分系だけではなく多成分系でも成り立つ．p は示強性，V は示量性であるから Ω は示量性である．

問題 7.1 $\psi(1,2)$ は規格化されているとしたから

$$\int \psi^*(1,2)\psi(1,2) d\tau_1 d\tau_2 = 1$$

が成り立つ．(c), (d) の波動関数を代入するとこの関係は満たされる．数因数 $1/\sqrt{2}$ はこのような規格化のため必要である．

問題 7.2 ψ_a が規格化された波動関数であれば，次の $\psi(1,2,3)$ は 3 個のボース粒子に対する規格化された波動関数である．

$$\psi(1,2,3) = \psi_a(1)\psi_a(2)\psi_a(3)$$

問題 7.3 図 10.6 に対応する規格化された波動関数は

$$\psi(1,2,\cdots,N) = \frac{1}{\sqrt{N!\,n_1!\,n_2!\cdots}} \sum_P P \psi_{r_1}(1) \cdots \psi_{r_1}(n_1) \psi_{r_2}(n_1+1) \cdots \tag{1}$$

と表される．ここで ψ_{r_1} は n_1 個の積，ψ_{r_2} は n_2 個の積，$\cdots$ の積となり，P は $1, 2, \cdots, N$ を置換するすべての操作を表す．したがって $\sum$ は $N!$ 個の項を含む．次の積分

$$I = \int \psi^*(1,2,\cdots,N)\psi(1,2,\cdots,N)d\tau_1 d\tau_2 \cdots d\tau_N$$

の $\psi(1,2,\cdots,N)$ に (1) の表式を代入する．P は $1,2,\cdots,N$ から $i_1,i_2,\cdots,i_N$ への置換を意味するが，積分変数を $i_1 \to 1$, $i_2 \to 2$, $\cdots$, $i_N \to N$ へと変換する．ボース粒子を考えているので，このような変換に対し，$\psi^*(1,2,\cdots,N)$ は不変である．したがって，同じ項が $N!$ 個現れる．この操作の後左側の $\psi^*(1,2,\cdots,N)$ を (1) と同様，展開の形で表すと前述の $N!$ が消え下記の関係が得られる．

$$I = \frac{1}{n_1! n_2! \cdots} \int d\tau_1 d\tau_2 \cdots d\tau_N \sum P \left[\psi_{r_1}^*(1) \cdots \psi_{r_1}^*(n_1) \psi_{r_2}^*(n_1+1) \cdots \right]$$
$$\times \psi_{r_1}(1) \cdots \psi_{r_1}(n_1) \psi_{r_2}(n_1+1) \cdots \qquad (2)$$

(2) で r_1 の一粒子状態を 3 個の粒子が占有しているときを考えると，$n_1 = 3$ となり，この式には $\psi_{r_1}(1)\psi_{r_1}(2)\psi_{r_1}(3)$ という項が現れる．(2) で ψ^* 中の変数を置換する P のうち，例えば粒子 4 が r_1 の一粒子状態に入っているとする．(2) で ψ 中の粒子 4 は r_1 以外の一粒子状態に入り，異なった一粒子状態は直交するので，τ_4 の積分の結果上記の項は 0 となる．したがって，一般に P の内 r_1 の状態を占有する粒子は $1,2,\cdots,n_1$ を入れ替えたものでその可能性は $n_1!$ 通りある．積分の結果は 1 となるので，この $n_1!$ と分母の $n_1!$ とが消し合う．他の項も同様で結局 $I = 1$ となる．

上述の結果からわかるように，一般には (10.43a) (p.119) をさらに $\sqrt{n_1! n_2! \cdots}$ で割ったものが規格化された波動関数となる．(10.43a) は $n_1 = n_2 = \cdots = 1$ の場合に相当する．(1) の $\sum_P$ 以下の項をパーマネントと呼び，行列式に + の記号をつけて表す．例えば，問題 7.2 で論じた波動関数は $N = n_1 = 3$, $n_2 = n_3 = \cdots = 0$ とおき

$$\psi(1,2,3) = \frac{1}{3!} \begin{vmatrix} \psi_a(1) & \psi_a(1) & \psi_a(1) \\ \psi_a(1) & \psi_a(1) & \psi_a(1) \\ \psi_a(1) & \psi_a(1) & \psi_a(1) \end{vmatrix}_+ = \psi_a(1)\psi_a(1)\psi_a(1) \qquad (3)$$

と表される．(3) は問題 7.2 の結果と一致する．

問題 8.1 (10.33) (p.116) により μ は $\mu = k_B T \ln \lambda$ と表される．この式の λ に例題 8 中の (3) を代入し，μ は次のように計算される．

$$\mu = k_B T \ln \frac{\langle N \rangle h^3}{(2\pi m k_B T)^{3/2} V}$$

問題 8.2 例題 8 の議論を n 成分系に拡張すると

$$\ln Z_G = \sum_{j=1}^n \frac{\lambda_j V (2\pi m_j k_B T)^{3/2}}{h^3}$$

となる．問題 5.2 の結果 (p.115) $\langle N_j \rangle = \lambda_j \partial \ln Z_G / \partial \lambda_j$ を利用すると与式が得られる．

問題 8.3 $pV/k_B T = \ln Z_G$ を使うと

$$\frac{pV}{k_B T} = \langle N_1 \rangle + \langle N_2 \rangle + \cdots + \langle N_n \rangle$$

となる．n 成分系全体の粒子数を N とすれば $\langle N \rangle = \langle N_1 \rangle + \langle N_2 \rangle + \cdots + \langle N_n \rangle$ と書ける．粒子数のゆらぎが小さく $\langle \ \rangle$ をとったとすれば分圧の法則が導かれる．

問題 9.1 フェルミ統計ではパウリの原理のため，図 10.7 で $(0,0), (0,1), (1,0), (1,1)$ と

いう 4 個の点が許される．このため，n_1, n_2 についてそれぞれ独立に 0, 1 に関する和を行えばよい．このような状況は一粒子状態が多数あっても成立する．

問題 9.2 ボース統計の場合，例題 9 中の Ω に対する表式中の上の符号をとり
$$f_r = \frac{1}{\beta}\frac{\partial}{\partial \varepsilon_r}\ln(1 - e^{-\beta\varepsilon_r}) = \frac{e^{-\beta\varepsilon_r}}{1 - e^{-\beta\varepsilon_r}} = \frac{1}{e^{\beta(e_r-\mu)} - 1}$$
となりボース分布関数が得られる．同様に，下の符号をとると
$$f_r = \frac{e^{-\beta\varepsilon_r}}{1 + e^{-\beta\varepsilon_r}} = \frac{1}{e^{\beta\varepsilon_r} + 1} = \frac{1}{e^{\beta(e_r-\mu)} + 1}$$
と計算され，フェルミ分布関数が導かれる．

問題 9.3 一粒子状態のエネルギーが $h\nu$ でこの準位を n 個のボース粒子が占めるときこのエネルギーは $h\nu n$ と表される．これは (9.17) (p.96) で 1/2 を無視した結果と一致する．量子数 n は不定であるから，例題 5 (p.115) で粒子数に関する制限を考えなくてもよい．これは一成分系では
$$\gamma = 0 \quad \therefore \quad \lambda = 1$$
となる．あるいは，(10.33) (p.116) により $\mu = 0$ としてもよい．こうしてボース分布関数で $e_r = h\nu,\ \mu = 0$ とすればプランク分布関数が得られる．

問題 9.4 $T \to 0$ の極限では $\beta = 1/k_\mathrm{B}T$ であるから，$\beta \to \infty$ となる．$\beta \to \infty$ で
$$e^{\beta(e_r-\mu)} = \begin{cases} \infty & (e_r > \mu) \\ 1 & (e_r = \mu) \\ 0 & (e_r < \mu) \end{cases}$$
が成り立ち，絶対零度におけるフェルミ分布関数 f_r は
$$f_r = \begin{cases} 0 & (e_r > \mu) \\ \dfrac{1}{2} & (e_r = \mu) \\ 1 & (e_r < \mu) \end{cases}$$
と表される．この f_r を e_r の関数として書くと，図に示すような階段関数となり，μ のところで分布は不連続となる．

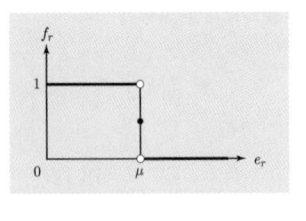

問題 10.1 単原子分子の理想気体の定積熱容量は $C_V = 3Nk_\mathrm{B}/2$ となる．よって，例題 10 の結果を使うと，正準分布では $(\Delta E)^2 = 3N(k_\mathrm{B}T)^2/2$ と表される．一方，$\langle E \rangle = C_V T = 3Nk_\mathrm{B}T/2$ を利用すると $\Delta E/\langle E \rangle = \sqrt{2/3N}$ が得られる．1 モルでは (4.1) (p.32) により $N = 6.022 \times 10^{23}$ と書けるので $\Delta E/\langle E \rangle = 1.05 \times 10^{-12}$ と計算される．

問題 10.2 T, V が一定という条件の下で (10.68) を μ で偏微分すると
$$\left(\frac{\partial \langle N \rangle}{\partial \mu}\right)_{T,V} = \frac{\sum \beta N^2 \exp[\beta(\mu N - E)]}{Z_\mathrm{G}} - \frac{\sum N \exp[\beta(\mu N - E)]}{Z_\mathrm{G}^2}\left(\frac{\partial Z_\mathrm{G}}{\partial \mu}\right)_{T,V}$$
となる．上式の第 1 項は $\beta\langle N^2 \rangle$ である．また
$$\frac{1}{Z_\mathrm{G}}\left(\frac{\partial Z_\mathrm{G}}{\partial \mu}\right)_{T,V} = \beta\langle N \rangle$$

10章の解答

と書けるので第2項は $\beta\langle N\rangle^2$ と等しくなり，その結果，(10.69) が導かれる．

問題 10.3 例題8中の (3) (p.122) に $\lambda = e^{\beta\mu}$ を代入し $\langle N\rangle = e^{\beta\mu}V(2\pi mk_{\rm B}T)^{3/2}/h^3$ が得られる．これを μ で偏微分すると $(\partial\langle N\rangle/\partial\mu)_{T,V} = \beta\langle N\rangle$ が導かれる．(10.69) (p.126) は $(\Delta N)^2 = k_{\rm B}T(\partial\langle N\rangle/\partial\mu)_{T,V}$ と書けるので $(\Delta N)^2 = \langle N\rangle$ となって題意が示される．$N \simeq 10^{22}$ だと $\Delta N/\langle N\rangle \simeq 10^{-11}$ となる．

問題 11.1 化学ポテンシャルは示強性の量で，これを T, V, N の関数とし，$\mu = \mu(T, V, N)$ と書けば $\mu(T, V, N) = \mu(T, xV, xN)$ となる．特に $x = 1/V$ ととれば $\mu(T, V, N) = \mu(T, 1, N/V)$ となる．これは μ が T と N/V に依存することを意味する．

問題 11.2 理想気体では $V = Nk_{\rm B}T/p$ でこれから $\kappa_T = 1/p$ となる．

問題 11.3 図3.6 (p.29) の等温線の挙動からわかるように，臨界点 C で $\partial p/\partial V = 0$ となる．したがって，臨界点において $\kappa_T \to \infty$ である．

問題 11.4 大正準分布では
$$\langle E\rangle = \frac{\sum E\lambda^N e^{-\beta E}}{Z_{\rm G}} = -\frac{\partial \ln Z_{\rm G}}{\partial\beta}$$
と書け，これを β で偏微分すると $-\partial\langle E\rangle/\partial\beta = \langle E^2\rangle - \langle E\rangle^2$ となる．よって $(\Delta E)^2 = \partial^2 \ln Z_{\rm G}/\partial\beta^2$ が成り立つ．例題8中の (1) (p.122) から $\ln Z_{\rm G} = \lambda V(2\pi m)^{3/2}/h^3\beta^{3/2}$ と表されるので，これを β で2回偏微分し $(\Delta E)^2$ を求め例題8中の (3) (p.122) を利用すれば問題文中の結果が導かれる．正準分布，大正準分布の違いをみるため，定積熱容量 C_V の計算を大正準分布で考える．$\langle E\rangle = -(\partial \ln Z_{\rm G}/\partial\beta)_{\lambda,V}$ であるが，これから定積熱容量を求める際，λ が温度に依存すること，$V, \langle N\rangle$ を一定に保つことに注意すると
$$C_V = \frac{\partial\langle E\rangle}{\partial T} = -\left(\frac{\partial^2 \ln Z}{\partial\beta^2}\right)\frac{\partial\beta}{\partial T} - \left(\frac{\partial^2 \ln Z}{\partial\beta\partial\lambda}\right)\frac{\partial\lambda}{\partial T}$$
となる．前述のように大正準集団でも $(\partial^2 \ln Z/\partial\beta^2) = (\Delta E)^2$ が成立し上式は
$$C_V = \frac{(\Delta E)^2}{k_{\rm B}T^2} - \left(\frac{\partial^2 \ln Z_{\rm G}}{\partial\beta\partial\lambda}\right)\frac{\partial\lambda}{\partial T}$$
と書ける．一方
$$\ln Z_{\rm G} = \frac{\lambda V}{h^3}(2\pi mk_{\rm B}T)^{3/2}, \quad \langle N\rangle = \frac{\lambda V}{h^3}(2\pi m)^{3/2}\beta^{-3/2}$$
などの関係から
$$\left(\frac{\partial^2 \ln Z_{\rm G}}{\partial\beta\partial\lambda}\right) = -\frac{3V}{2h^3}(2\pi m)^{3/2}\beta^{-5/2}, \quad \left(\frac{\partial\lambda}{\partial T}\right)_{V,N} = -\frac{3\lambda}{2T}$$
となる．ここで簡単のため $\langle N\rangle$ を N と書いた．上の2番目の関係は $\lambda T^{3/2} =$ 一定 から得られる．上式から
$$\left(\frac{\partial^2 \ln Z_{\rm G}}{\partial\beta\partial\lambda}\right)\frac{\partial\lambda}{\partial T} = \frac{9Nk_{\rm B}}{4}$$
と計算される．こうして
$$C_V = \frac{15}{4}Nk_{\rm B} - \frac{9}{4}Nk_{\rm B} = \frac{3}{2}Nk_{\rm B}$$
という正しい結果が得られる．このように大正準集団における $(\Delta E)^2$ は正準集団のものとは違うことに注意しなければならない．

索引

あ行

アインシュタイン温度　96
アインシュタインの比熱式　96
アインシュタイン模型　76, 95
圧縮率　19, 128
圧力　17
アボガドロ数　32
アルコール温度計　10
イジング・スピン　102
イジング模型　102
位相空間　74
1次元調和振動子　73
一粒子状態　118
一般運動量　72
一般座標　72
インバー　18
宇宙背景放射　11
運動の自由度　37
液化　13
液体温度計　10
液体空気　5
液体酸素　5
液体窒素　5
エネルギー　24
エネルギー等分配則　70, 93
エルゴード仮説　78
エンタルピー　56
エントロピー　52
エントロピー増大則　54
オームの法則　3
温度　2

か行

回転エネルギー　98
ガウス積分　63
ガウス分布　94
化学種　57
化学ポテンシャル　57
可逆過程　44
可逆機関　48
可逆サイクル　48
可逆変化　44
角振動数　73
核融合反応　4
カ氏温度　2
カマリング・オネス定数　31
カルノーサイクル　41
カロリー　12
カロリック　24
寒剤　5
関数方程式　61
慣性モーメント　98
寒暖計　11
ガンマ関数　68
気圧　17
気化　13
気化熱　5, 12, 13, 59
気体定数　28
軌道角運動量　161
ギブス　107
ギブス-デュエムの関係　58
ギブス-ヘルムホルツの式　56
ギブスの自由エネルギー　55
凝固　13
凝固点　13
凝縮　13, 29
極座標　64
クラウジウス-クラペイロンの式　59
クラウジウスの原理　46
クラウジウスの式　41, 49
クラウジウスの不等式　50

索　引

ケルビン　2
現象論　32

交換相互作用　111
格子振動　95
剛体球ポテンシャル　110
効率　41
国際単位系　2
固有状態　96

さ 行

サーモグラフィー　10
サーモスタット　10
最近接相互作用　111
サイクル　40
作業物質　40
サディ・カルノー　43
三重点　19
三物体間の熱平衡則　7

シーボルト　3
磁化率　112
時間平均　107
磁気モーメント　102
示強性　33, 57
質量的作用　32
シャルルの法則　17
集団　107
集団平均　107
自由膨張　54
ジュール　12
ジュール熱　45
ジュールの実験　26
準静的過程　23
順列　81
昇華　6, 31
小正準集団　78
小正準分布　107
状態図　19
状態方程式　28
状態量　7, 19
状態和　87, 107
蒸発　13
初期位相　151
ショットキー比熱　103

示量性　33, 57
振動のエネルギー　151
振幅　151

水銀温度計　10
数密度　62
スターリングの公式　82
スピン　118, 162
スレーター行列式　119

正規分布　94
正準集団　104
正準分布　104
赤外線　21
積分因子　53
積乱雲　39
セ氏温度　2
絶対温度　2
絶対零度　2
セルシウス　2
セルシウス度　2
零点エネルギー　97
先験的確率　107
潜熱　12
全微分　33
線膨張　16
線膨張係数　16
線膨張率　16
占有数　123

相　19
相図　19
速度空間　68

た 行

第2ビリアル係数　109
第3ビリアル係数　109
第一種の永久機関　47
体温計　10
大カロリー　12
対偶　46
大正準集団　114
大正準分布　114
体積変化率　128
第二種の永久機関　47

索引

代表点　74
大分配関数　114
体膨張　16
体膨張率　16
対流　20
単振動　73
断熱圧縮　38
断熱過程　38
断熱線　38
断熱変化　38
断熱膨張　5, 38

調和振動　73

定圧比熱　36
定圧モル比熱　36
抵抗温度計　11
定積比熱　35
定積モル比熱　36
ディラックの定数　103
デバイ T^3 法則　160
デュロン-プティの法則　95
電磁波　67
伝送行列　111

等圧過程　36
等温圧縮率　128
等温線　29
逃散能　114
等積過程　36
等積線　31
トムソンの原理　46
ドライアイス　5

な 行

内部エネルギー　32

2 相共存　29

熱　12
熱学　24
熱機関　22
熱素　24
熱速度　71
熱的作用　32

熱伝導　7, 20, 44
熱伝導率　20
熱の仕事当量　26
熱平衡　7
熱放射　20
熱膨張　16
熱容量　14
熱力学　32
熱力学第一法則　34
熱力学第 0 法則　7
熱力学第二法則　44, 46
熱力学ポテンシャル　117, 121
熱量　12
熱量計　15
熱量保存則　14

は 行

パーマネント　167
配置数　81
バイメタル温度計　10
パウリ行列　103
パウリの原理　119
パウリの排他律　119
パスカル　17
ハミルトニアン　72
ハミルトンの正準運動方程式　72

光高温計　10
ビッグバン　11
比熱　14
比熱比　37
標準状態　19
標準正規分布　94
標準偏差　126
氷点　13, 59
氷点降下　145
ビリアル展開　109

ファーレンハイト　2
フェルミオン　118
フェルミ統計　118
フェルミ分布　124
フェルミ分布関数　124
フェルミ粒子　118
不可逆過程　44

索　引

不可逆機関　48
不可逆サイクル　48
不可逆変化　44
フガシティ　114
不完全気体　109
物質の三態　19
沸点　13
沸点上昇　145
プラズマ　4
プランク定数　96
プランク分布関数　125
不良導体　20
フロギストン　24
フロン　5
分圧　122
分圧の法則　122
分散　94
分子運動　32
分子間力　28
分配関数　87, 104, 106
分布関数　60

ヘクトパスカル　17
ヘルムホルツの自由エネルギー　55

ポアソン括弧　73
ボイル-シャルルの法則　28
ボイルの法則　28
放射熱　20
棒状温度計　10
ボース統計　118
ボース分布　124
ボース分布関数　124
ボース粒子　118
ボソン　118
ボルツマン因子　67
ボルツマン定数　66
ボルツマンの原理　67, 88

ま　行

マイヤーの f 関数　109
マイヤーの関係　36
マクスウェル-ボルツマン分布　85
マクスウェル-ボルツマン分布則　85
マクスウェルの仮定　61

マクスウェルの関係式　55
マクスウェルの速度分布則　66
摩擦熱　22

水当量　15

面積膨張　16

モル数　28
モル比熱　36
モル分子数　32, 65

や　行

融解　13
融解熱　12, 13, 59
融点　13
ゆらぎ　126

ら　行

ラヴォアジエ　24
ラグランジアン　72
ラグランジュの未定乗数法　83

力学的作用　32
理想気体　28
量子状態　96
量子数　96
量子統計　118
良導体　20
臨界温度　29
臨界現象　128
臨界点　29
臨界揺動　128

冷媒　5

ロシュミット数　65

欧　字

Γ 空間　75
g 因子　162
MKSA 単位系　2
μ 空間　74

著者略歴

阿部龍蔵
（あべりゅうぞう）

1953 年　東京大学理学部物理学科卒業
　　　　東京工業大学助手，東京大学物性研究所助教授，
　　　　東京大学教養学部教授，放送大学教授を経て
2013 年　逝去
　　　　東京大学名誉教授　理学博士

主要著書

統計力学 (東京大学出版会)　現象の数学 (共著，アグネ)
電気伝導 (培風館)
現代物理学の基礎 8 物性 II 素励起の物理 (共著，岩波書店)
力学 [新訂版] (サイエンス社)　量子力学入門 (岩波書店)
物理概論 (共著，裳華房)　物理学 [新訂版] (共著，サイエンス社)
電磁気学入門 (サイエンス社)　力学・解析力学 (サイエンス社)
熱統計力学 (裳華房)　物理を楽しもう (岩波書店)
現代物理入門 (サイエンス社)　ベクトル解析入門 (サイエンス社)
新・演習 物理学 (共著，サイエンス社)　新・演習 力学 (サイエンス社)
新・演習 電磁気学 (サイエンス社)　新・演習 量子力学 (サイエンス社)
熱・統計力学入門 (サイエンス社)　Essential 物理学 (サイエンス社)
物理のトビラをたたこう (岩波書店)

新・演習物理学ライブラリ＝5
新・演習 熱・統計力学

2006 年 5 月 10 日 ©　　　　初　版　発　行
2019 年 10 月 10 日　　　　　初版第 4 刷発行

著　者　阿部龍蔵　　　発行者　森平敏孝
　　　　　　　　　　　印刷者　杉井康之
　　　　　　　　　　　製本者　松島克幸

発行所　　株式会社　サイエンス社

〒151-0051　東京都渋谷区千駄ヶ谷 1 丁目 3 番 25 号
営業　☎ (03) 5474-8500 (代)　振替 00170-7-2387
編集　☎ (03) 5474-8600 (代)
FAX　☎ (03) 5474-8900

印刷　(株)ディグ　　　製本　松島製本 (有)

《検印省略》

本書の内容を無断で複写複製することは，著作者および
出版者の権利を侵害することがありますので，その場合
にはあらかじめ小社あて許諾をお求め下さい．

ISBN4-7819-1125-0

PRINTED IN JAPAN

サイエンス社のホームページのご案内
http://www.saiensu.co.jp
ご意見・ご要望は
rikei@saiensu.co.jp　まで．